Begegnung mit dem Urmenschen

Dietrich Mania
Adelhelm Dietzel

Begegnung mit dem Urmenschen

VERLAG WERNER DAUSIEN
HANAU/MAIN

Textautor: Dr. rer. nat. habil. Dietrich Mania
Wissenschaftlicher Mitarbeiter am Landesmuseum für Vorgeschichte, Halle, und Ausgrabungsleiter der Fundstelle Steinrinne bei Bilzingsleben

Bildautor: Adelhelm Dietzel
Maler und Graphiker, Ehrenamtlicher Bodendenkmalpfleger am Landesmuseum für Vorgeschichte, Dresden

Fotos: Dr. Dietrich Mania, Jena
Wolfgang G. Schröter, Leipzig

Lektor: Erika Steppes
Buchgestaltung: Helmut Selle

VERLAG WERNER DAUSIEN · HANAU
1. Auflage 1980.
ISBN 3-7684-2036-1
Printed in GDR

Inhaltsverzeichnis

Einleitung

Bilzingsleben an der Wipper

Reste des vorzeitlichen Menschen oder die Spuren seines Lebens und Wirkens zu entdecken – dem Urmenschen zu begegnen –, das gehört zu den aufregenden und einmaligen Erlebnissen des Forschers, der sich mit der Abstammungsgeschichte des Menschen befaßt. Für viele bleiben Sehnsucht und Hoffnung auf solche Funde unerfüllte Träume; und selten genug werden jahrelange mühselige Forschungsarbeit und Suche nach dem Urmenschen belohnt. Gelingt eine solche Entdeckung, ist der Forscher bei seiner Spurensuche in den Ablagerungen vergangener Jahrhunderttausende schließlich doch auf Zeugen unserer Vorfahren gestoßen und ihnen in Form einiger spärlicher knöcherner Überreste begegnet – dann allerdings schlägt sein Herz höher, wird das Entdeckerfieber angefacht, entstehen Aufregung und Neugier, die sich auch der Umgebung mitteilen, begierig von ihr aufgenommen werden und damit zeigen, wie groß eigentlich das Interesse fast eines jeden Menschen an seiner Herkunft ist. Solche Funde führen zu Schlagzeilen in den Tageszeitungen, werden in den Nachrichten von Presse und Rundfunk mit an erster Stelle genannt und als Meldungen in wenigen Tagen um den Erdball verbreitet. Fachwissenschaftler müssen sich über den Neufund orientieren, indem sie sich mit den schleunigst veröffentlichten Vorberichten versorgen oder direkt zum Fundort eilen, um aus eigenem Augenschein urteilen zu können. Theorien kommen ins Wanken, mit neuen Ansichten wird spekuliert, Wissenschaftler-Teams schließen sich zur Bearbeitung und Beurteilung des Fundmaterials zusammen, Arbeitstagungen werden durchgeführt.

Aber warum solch ein Aufruhr um ein mitunter nicht einmal handtellergroßes Knochenstück? Das liegt nicht nur an der außerordentlichen Seltenheit derartiger Funde, sondern auch an einem tief im Menschen verwurzelten Wissensdrang nach seinem eigenen Ursprung, der nicht zuletzt auch weltanschauliche Gründe hat. Sehen wir uns in den großen Weltreligionen um, so müssen wir feststellen, daß jede die Frage nach der Herkunft des Menschen stellt und ihr einen hohen Rang beimißt. Allerdings wurde sie in der Regel durch den Hinweis auf einen göttlichen Schöpfungsakt beantwortet. Heute hat sich dagegen generell die Erkenntnis von der natürlichen Abstammung des Menschen aus dem Tierreich durchgesetzt.

Obwohl der Entwicklungsablauf im allgemeinen bekannt geworden ist, wissen wir überaus wenig vom speziellen Verlauf der menschlichen Abstammungsgeschichte. Hier bleibt dem Forscher noch ein weites Feld offen. Und ist die Wissenschaft bzw. die Beschäftigung mit dem Ursprung und der Entwicklung des Menschen und seiner eigenen, einzig dastehenden Wesenszüge, wie dem Bewußtsein, der spezifisch menschlichen Arbeit und der menschlichen Gesellschaft, nicht ein überaus faszinierendes und erregendes Objekt? Gibt es hier nicht Fragen, die der Mensch in seinem Streben nach Erkenntnis mit an erster Stelle klären muß? Und ist die Lösung der Probleme um den eigenen Entwicklungsgang nicht auch von höchster Notwendigkeit als Beitrag zur Erkenntnis des gegenwärtigen Entwicklungszustandes des Menschen und seiner Gesellschaft sowie deren weiterer Entwicklung, die sicherlich von unserer eigenen, durch die stammesgeschichtliche Evolution geprägten Vernunft abhängt?

Damit sind eigentlich schon die Ursachen erklärt, die zur Aufregung um den Fund eines unserer Vorfahren aus Urzeiten führen. Die Fahndung nach dem ersten Menschen hat aber neben solchen wissenschaftlichen Fragestellungen auch eine ganz besondere romantische und abenteuerliche Note.

Man muß an aufregende Ausgrabungen denken, an Vorstöße ins Ungewisse, die uns mit jedem Spatenstich oder mit jedem durch Spachtel und Präpariernadel entfernten Kubikzentimeter Gestein längst Vergangenes erschließen. Man wird in das geheimnisvolle Dunkel der Höhlenwelt versetzt, oder die Phantasie entführt uns bei dem Gedanken an die Suche nach dem Urmenschen auf fernere Pfade in unzugängliche tropische Dschungel, in sonnendurchglühte Savannen oder heiße, trockene Wüsten. Aber selbst in unserer engeren Heimat hielten sich einst vor Hunderttausenden von Jahren Urmenschen auf, ganz anderen Aussehens, als wir es heute von uns her gewöhnt sind, in andersartigen Landschaften mitten in einer Tierwelt, die wir teilweise nur aus exotischen Ländern kennen. Die Vorstellung, daß quasi vor unserer Haustür einst Waldelefanten und Nashörner, Löwen, Wildpferde und Riesenhirsche in ausgedehnten Urwäldern und savannenartigen Waldsteppen gelebt haben, von urzeitlichen Jägern verfolgt und gejagt, daß es darüber hinaus zwischendurch Zeiten unerbittlicher Kälte mit Inlandeisfeldern und dem Eisblink am Horizont gegeben haben muß – alles das erweckt ungläubiges Erstaunen. So tritt neben die Suche nach dem ersten Menschen der fremdartige Reiz der Expedition in die Vergangenheit.

Neben der romantischen Seite aber steht die aufopferungsvolle, oft mühsame und über zahllose Umwege zum Ziele führende Arbeit des begeisterten Forschers, der seiner Berufung folgt. Ein hoher Aufwand an körperlicher, technischer und geistiger Arbeit ist nötig, bis das ersehnte Fundstück fertig präpariert vorliegt, ein umfangreicher Fundkomplex aufgearbeitet worden ist oder ein wissenschaftliches Ergebnis, in Publikationen abgefaßt, der Öffentlichkeit übergeben werden kann!

Wir hatten das einmalige Glück, dem Urmenschen zu begegnen, aber nicht, wie man erwartet, in den subtropischen oder tropischen südlichen Breiten, sondern in unserer Heimat, im nördlichen Thüringer Becken, in der Nähe der kleinen Ortschaft Bilzingsleben an der Wipper.

In den Maitagen des Jahres 1971 fielen in Bilzingsleben einige ortsfremde Männer verschiedenen Alters auf, die in Arbeitskleidung, mit Hacken und Schaufeln auf der Schulter, mit Rucksäcken und Vermessungsgerät jeden Morgen der etwa 1 km südlich der Ortschaft liegenden «Steinrinne» zustrebten, aufgelassenen Travertinsteinbrüchen, die bis dahin den Anliegern als Müllgruben dienten. Es waren Mitarbeiter des Landesmuseums für Vorgeschichte Halle (Saale), die nicht nur dadurch Kopfschütteln und Staunen unter der Dorfbevölkerung hervorriefen, daß sie sich ein Notquartier im Dorf als Unterkunft besorgten und als Wissenschaftler in die Steinbrüche stiegen, sondern vor allem dadurch, daß sie dort Steine und Knochen suchen wollten. Als aber schließlich Wohnwagen und Zelte erschienen, Bagger und Planierraupen den Steinbruch mit ihrem Motorenlärm erfüllten und eine feste Unterkunft im Ort gemietet und ausgebaut wurde, erhielt man einen anderen Eindruck von dem Unternehmen; aus der anfänglichen Neugier entstanden lebhaftes Interesse und tatkräftige Hilfsbereitschaft. Die Einwohner von Bilzingsleben wurden nicht nur Zeugen, sondern waren auch selbst unmittelbar beteiligt an der Suche nach Spuren und Resten des fossilen Menschen.

In einem Travertinbruch auf der Steinrinne wurde 1969 bei geologischen Feldarbeiten ein sandiger Horizont mit eindeutigen Spuren des Vorzeitmenschen entdeckt: mit zugeschlagenen Steingeräten, unzähligen zerschlagenen Knochen erjagter Tiere und schließlich auch aus Geweih und Knochen gefertigten Geräten. Die geologischen Untersuchungen ergaben, daß die Ablagerungen auf der Steinrinne vor ca. 350000 Jahren entstanden sein müssen. Dieses Alter besitzen demnach auch die archäologischen Funde, die von diesen Ablagerungen eingeschlossen werden. Sie gehören mit zu den ältesten aus unserer Heimat bzw. dem Gebiet nördlich der Mittelgebirgszone. Als Spuren des vorzeitlichen Menschen ließen sie auch hoffen, Reste dieses Menschen selbst zu finden, zumal in der Fundschicht Tierknochen erhalten geblieben waren.

Alle diese Gegebenheiten der Fundstelle und die in sie gesetzten Erwartungen veranlaßten die Forschungsgrabung auf der Steinrinne, den Vorstoß in das vierte Jahrhunderttausend vor heute. Es ist ein eigenartiges Gefühl, bei einer solchen Ausgrabung als erster wieder Gegenstände freizulegen und mit ihnen in Berührung zu kommen, die zuletzt unsere Vorfahren vor etwa 15000 Generationen in den Händen hatten, mit denen sie arbeiteten, die Bestandteile ihrer Nahrung waren oder zu ihrer unmittelbaren Umgebung gehörten; und eigenartig ist es auch, dabei eine Oberfläche freizulegen, die seitdem keines Menschen Fuß wieder betreten hat.

Während der Grabung auf der Steinrinne schwand nie die still gehegte Hoffnung auf eine direkte Begegnung mit dem Urmenschen. Dieser Optimismus wurde schließlich auch belohnt: Voller freudigem und staunendem Erschrecken sahen sich die Forscher plötzlich dem Menschen der Frühzeit gegenüber. Er offenbarte sich ihnen durch die sensationellen Funde von fünf oder sechs Schädelteilen!

Erst durch sie wird der gesamte Fundkomplex aus dem Steinbruch auf der Steinrinne bei Bilzingsleben interessant und bedeutungsvoll für die stammesgeschichtliche Forschung. Durch sie wird er aus seiner Anonymität herausgerissen und einer bestimmten Form des ausgestorbenen Menschen zuweisbar. Funde und Befund erhalten wieder Leben, nachdem sie Hunderttausende von Jahren im Boden schlummerten. Aus ihnen läßt sich erkennen, wie dieser Mensch damals lebte, welche Geräte er herstellte und wie er sie gebrauchte, über welche technischen Kenntnisse er verfügte, wie er sich ernährte, wie er sich in seiner Umwelt verhielt und versuchte, ihren Bedingungen gegenüber der Stärkere zu sein. Spezielle Verhaltensweisen, die das frühe Stadium seines sozialen Zusammenlebens erkennen lassen, offenbaren sich. Dramatische Jagdszenen entstehen vor unseren Augen; die Frage nach der Entwicklung der Sprache wird akut. Schließlich lassen sich die Umweltverhältnisse dieses Menschen rekonstruieren. Vor den Augen des Wissenschaftlers erwächst daraus ein umfassendes Lebensbild des frühen Menschen, der sich vor 350000 Jahren im nördlichen Thüringen aufhielt.

Dieses Lebensbild verständlich zu zeichnen soll Aufgabe unseres Buches sein. Dabei wollen wir auch die Voraussetzungen kennenlernen, die zu diesem Bild geführt haben, also den ganzen Weg der wissenschaftlichen Arbeit von der Ausgrabung und Freilegung von Funden bis zur Ausdeutung. Dieser Weg führt uns aber in eine gänzlich unbekannte und fremdartige Welt, so daß das Unternehmen durchaus den Charakter einer Expedition erhält. Weiter werden wir den erdgeschichtlichen Rahmen dieser in die Urtiefen der Geschichte versunkenen Welt kennenlernen, einer Zeit, die durch Klimaschwankungen und Vereisungen großen Ausmaßes gekennzeichnet war und daher den Namen «Eiszeitalter» erhielt. Auch die Wege und Methoden, die zur Altersbestimmung von Funden, zur Einordnung in ein bereits bekanntes erdgeschichtliches Zeitgerüst führen, sind interessant. Den Menschen, also den «alten Bilzingslebener» selbst, wollen wir in seiner biologischen Beschaffenheit, in seiner Stellung im Stammbaum des Menschen, mit seinen wirtschaftlichen und gesellschaftlichen Verhältnissen, in individuellen wie sozialen

Verhaltensweisen und schließlich in seiner Stellung und seinen Beziehungen zur natürlichen Umwelt kennenlernen.

Während Fossilreste des frühen Menschen so außergewöhnlich selten sind, stößt man häufiger auf Fundstellen, an denen sich Reste seiner materiellen Kultur erhalten haben, meist in Form unvergänglicher steinerner Werkzeuge. Schon seltener findet man auch Jagdbeutereste. Verschiedene Ursachen führten dazu, daß Überreste des ausgestorbenen frühen Menschen so vereinzelt vorkommen. Angesichts der langen, etwa 2 bis 2,5 Millionen Jahre umfassenden Entwicklung von jenen Vorfahren an, die wir schon als Mensch ansehen müssen, bis zu den letzten hunderttausend Jahren vor heute stehen uns nur spärliche Überreste von ganz wenigen Individuen zur Verfügung. Daß vor etwa 40 000 bis 60 000 Jahren die Quellen allmählich reichlicher zu fließen beginnen, ist auf jene Sitte des Menschen zurückzuführen, aus kultischen und religiösen Vorstellungen heraus seine Toten zu bestatten. Die Wurzeln dieser Sitte liegen beim Neandertaler. Er begann ganz zögernd, Tote in Höhlen zu begraben. Dabei half er unbewußt der natürlichen Einbettung und Fossilisierung seiner Reste. Aber die Menschen vor ihm bestatteten noch nicht. Sie ließen sicherlich ihre Toten am Rastplatz liegen oder auf der Jagd zurück. Dann wurden diese wie die unzähligen Abfallknochen und sonstigen Jagdbeutereste von Hyänen, Wölfen und Füchsen zerfetzt und verschleppt. Nur wenige Jahre hielt auf der Oberfläche ein Knochen den Verwitterungseinflüssen stand, so daß nach kurzer Zeit nichts mehr vom Toten übriggeblieben war. Dazu kommt, daß sich die frühen Menschen vorwiegend in warmen Klimagebieten aufhielten, unter deren subtropischen oder tropischen Verhältnissen der Zerfall von Kalksubstanz noch schneller vor sich geht. Je älter eine Ablagerung ist, um so mehr unterlag sie Abtragungsvorgängen. Besonders die lockeren Sedimente boten diesen Vorgängen wenig Widerstand. Nur seltenen Zufällen haben spärliche Überreste des Menschen ihre Einbettung und Konservierung zu verdanken. Zu diesen Zufällen gesellen sich noch die Auslesebedingungen des nachfolgenden geologischen Geschehens, die den Erhalt gefährdeten, wie z. B. Abtragungsvorgänge, oder begünstigten, wie z. B. Absenkung von Gesteinsschichten in Beckenräumen oder Verfüllung von Höhlen.

Die Funde von Bilzingsleben verdanken ihre Erhaltung einem zufälligen Aufeinandertreffen verschiedener geologischer Bedingungen. Sie liegen in einer Landschaft mit kalkreichen Gesteinen im Untergrund – eine Vorbedingung für die Fossilisierung von Knochen in kalkhaltigem Sediment. Weiterhin waren die Voraussetzungen für die Bildung fester Quell- und Bachkalke,

Die Landschaft am nördlichen Rand des Thüringer Beckens verdankt aufgerichteten Schichten des Muschelkalkes, der Hainleite, ihren Reiz. An verschiedenen Stellen durchbrechen enge Täler diesen Höhenzug, so auch das Tal der Wipper am Fuße des Kohnsteins. Nur wenige Kilometer südlich von hier öffnet sich das Tal zum weiten Becken. Und dort, am inselartig aufgelösten Rand der Hainleitehochfläche, befindet sich die Fundstelle «Steinrinne» bei Bilzingsleben.

Wir stehen unterhalb der Fundstelle am Talhang und blicken in nordöstlicher Richtung nach Bilzingsleben über das Wippertal, das sich hier, nachdem es seine engen Mäander verlassen hat, zur Niederung ausweitet. – Am Horizont die Hainleite

In alten aufgelassenen Travertinsteinbrüchen liegt die Fundstelle. Die Ausgrabung brachte für die Sommermonate wieder regen Betrieb in diese verfallenen Arbeitsstätten. – Blick von Osten in die Grabung

der Travertine, gegeben, die den Aufenthaltsort sowie die Reste des Urmenschen und seiner materiellen Kultur rasch unter einer festen Gesteinsdecke begruben und so die lockeren Sande des Fundhorizontes den nachfolgenden zerstörenden Kräften von Verwitterung und Abtragung entzogen.

Diese Umstände lassen auch erkennen, daß das Auffinden solcher seltenen Fundstätten nicht einfach ist. In manchen Fällen wurden sie bei geologischen oder paläontologischen Felduntersuchungen nebenbei entdeckt. Auch die Fundstelle von Bilzingsleben ist ein Beispiel dafür. Ein anderer Weg ist die zielgerichtete Suche solcher Funde. Aber er setzt eine genaue geologische Kenntnis der in Frage kommenden Ablagerungen eines Gebietes sowie die große Beharrlichkeit des Forschers voraus, um auf diesem Wege zum Ziel zu gelangen.

Vor 350000 Jahren...

Voller Staunen stehen wir einer fremdartigen Welt gegenüber, die in den Hunderttausenden von Jahren der Geschichte versank. Was uns noch mehr überrascht, ist, daß sie mit ihrem exotischen Reiz nicht das Bild ferner Kontinente, sondern das von Mitteleuropa im gemäßigten Klimagebiet geprägt hat. Hier folgten im mehrfachen Wechsel eiszeitlichen Klimaverhältnissen warme Phasen. Unter solchen günstigen Bedingungen drangen erste Menschen in die nördlichen Breiten vor. Sie konnten sich aktiv an diese ihnen bis dahin unbekannte Umwelt anpassen; neuartige technische Kenntnisse und Erfindungen, ein engerer Zusammenhalt und die Ernährung durch die Großwildjagd befähigten sie dazu. Gemeinschaftlich jagten sie in den Wiesensteppen und Urwäldern Mitteleuropas Elefanten, Nashörner, Wisente, Auerochsen, Wildpferde, große Wald- und Steppenhirsche, aber auch riesige Bären. Nicht immer mag die Jagd erfolgreich und reibungslos verlaufen sein – angesichts der einfachen Bewaffnung der Jäger und ihrer noch mangelhaften geistigen Bewältigung der natürlichen Umwelt. Trotz ihres Mutes und ihrer Geschicklichkeit können sich auch gefährliche Szenen abgespielt haben, die Tribut unter den Wildbeutern forderten. Die Funde von Bilzingsleben aus dem 4. Jahrhunderttausend vor heute lassen manches Jagdabenteuer, manches Drama im nördlichen Thüringen wiederentstehen.

Die Sonne stieg soeben über den sanft nach Süden abfallenden Horizont und überflutete die Tallandschaft mit ihrem Licht. Sie ließ die orangeroten Beerenbüschel des Feuerdorngestrüpps erglühen und hob das Grün der Buchsbaumsträucher und helleren Wacholder deutlich von den grauen Schuttfächern und Felsbändern des jenseitigen Muschelkalkhanges ab. Im engen Tal glitt der Fluß unmerklich und still durch ufernahe Schilfbestände und breite, mit Seerosenblättern bedeckte Stromrinnen. Aber weiter talabwärts verzweigte er sich auf einer Kiesfläche zu mehreren Armen und floß rascher dahin. Er hatte den Hangfuß wie auch ein Nebengerinne angeschnitten. Hier blitzten Millionen Tauperlen auf, als das Licht die gestrüppdurchsetzten Hangwiesen und Weidendickichte erreichte. Sie verstärkten dort ihr Kristallgefunkel, wo sie in den Geweben spätsommerlicher Spinnennetze hingen. Hier und da leuchteten bereits Ahornbäume und Kornelkirschen mit ersten gelben und rötlichen Blättern im Grün der Hänge.

An einem Altwasser war das Geplätscher einiger Biber zu vernehmen, die Staudamm und Burg mit Zweigen verstärkten. Über den Talhängen ertönte das einfache Morgenlied von Finken. Ein einzelner großer Raubvogel, wahrscheinlich ein Schreiadler, zog in Höhe der mit schütteren Baumgruppen bedeckten Hochflächen talauf, bis er schließlich hinter der nächsten Talbiegung verschwand.

Nur einem geübten Beobachter dieser erwachenden Landschaft wäre die Bewegung der Schilfhalme aufgefallen, die am stark bewachsenen und nur undeutlich erkennbaren Flußufer zwischen den Weidenbüschen und mehreren umgebrochenen Pappeln standen. Die Biber tauchten und verschwanden. Auf den offenen Schwemmkegel des Baches, der im Nebentälchen über kleine Kalkkaskaden zum Fluß eilte, traten einige braune Gestalten heraus, erst drei, dann zögernd noch eine vierte und fünfte. Zunächst verhielten sie und blickten forschend über die erreichte Talsohle und Feuerdorndickichte hinweg zum gegenüberliegenden Hang, um dann mit einigen leichten Sprüngen das andere Ufer und eine neue Deckung zu gewinnen. Am Vortage hatten sie bei der Rückkehr von erfolgloser Jagd im Uferschlamm Bärenspuren bemerkt, die darauf deuteten, daß hier eine Bärenfamilie wiederholt die Bachmündung aufsuchte, offenbar der Feuerdornbeeren oder auch der im Stromschatten des Schwemmkegels stehenden Fische wegen. Es waren braunhäutige, sehnige Männer, kleinwüchsig, mit wirrem Haar, dessen weißer Glanz den einen als noch rüstigen Alten auswies, seiner Gestik nach wohl auch der erfahrene Anführer der Gruppe. Sie trugen etwa zweieinhalb Meter lange hölzerne Speere, einige sogar zwei dieser Waffen mit schwärzlichen, in Feuer gehärteten Spitzen.

Die Männer waren nur spärlich bekleidet. Alle hatten Fellstücke mit Riemen oder gedrehten Baststricken schurzähnlich um die Hüften geschlungen. Nur zwei, darunter der Alte, trugen eine strumpfartige Fuß- und Beinbekleidung aus Bärenfell, die bis zu den Knien reichte und mit dem Fell nach innen gekehrt war. Einer der Jäger hielt mit der linken Hand einen großen, aber noch leeren Fellsack über der Schulter. Aus Hirschgeweihen hergestellte Keulen steckten bei dreien im Hüftgurt. Der weißhaarige Alte umfaßte noch ein langes, spitz zugerichtetes Knocheninstrument mit der Hand.

Am auffälligsten erschien bei diesen fünf Menschen die Physiognomie: Wohl war, durch eine leichte Neigung des Kopfes nach vorn bedingt, ein kräftiger Nacken ausgebildet, der zum größten Teil von den halblangen Strähnen des Kopfhaares bedeckt wurde; doch die Gesichtszüge zeigten sich viel urtümlicher. Das Haar ließ nur eine flache, niedrige Stirn frei, die tiefliegenden Augen wurden von einem mächtig vorgewölbten Stirnwulst beschattet. Ihre Nasen waren breit und flach, die Wangenknochen deutlich modelliert, und den kräftigen breitlippigen Mundpartien fehlte ein ausgeprägtes Kinn. Sie ließen massige, vorspringende Kiefer vermuten und beim nur leise und wenig artikulierten Sprechen oder bei eindrucksvoller Mimik, mit deren Hilfe sich die Jäger verständigten, ein robustes, wohlgeformtes Gebiß erkennen.

Obwohl bartlos, besaßen alle an den Schläfen weit herabreichendes Kopfhaar und einen weniger auffallenden schütteren Haarwuchs auf Oberlippe und Unterkieferpartie. Die Gesichtshaut, lederartig, tief zerfurcht, sprach von der Härte des Daseins in der freien Natur, von mancher abenteuerlichen Begegnung mit Großwild auf der Jagd, von anstrengender Wanderung durch unwegsame Urwälder, sumpfige Niederungen und rauhe Gebirge.

Unschlüssig verweilten sie am Fuße des mit Gestrüpp bewachsenen Schutthanges, nicht ohne den weichen Grund aufmerksam zu betrachten. Mit wenigen, nur leise hingesprochenen Lauten und lebhaften Armbewegungen wies der Alte in das Nebental und gab damit das Zeichen zum Aufbruch. Bärenspuren verliefen in diese Richtung. Lautlos, sorgfältig trockene Zweige und das Gestrüpp vermeidend, gelangten die fünf bald an eine schluchtartige Talverengung. Der Bach bildete hier an Kalkstufen, die sich quer in die Schlucht stellten, Wasserfälle. Ihr Rauschen erforderte weniger Aufmerksamkeit der Jäger auf den wirr mit Astwerk, umgebrochenen Bäumen und abgestürzten Steinplatten bedeckten Talgrund. Wie schon am Schwemmfächer, hatte auch hier das kalkhaltige Wasser den Untergrund mit weißlichgelben Kalkkrusten überzogen, im Spritzbereich der Wasserfälle an den Schluchtwänden bizarre grottige Travertingebilde hervorgebracht. Üppig grüne Moosrasen bedeckten sie. Durchtränkt wie ein Schwamm, glichen sie mit unzähligen Rinnsalen und Wasserfäden lebendigen Vorhängen. An natürlichen Stufen führte die Kalkausscheidung hinter überrieselten Kaskaden zu kleinen, übereinander gestaffelten Staubecken. Darin fluteten im klaren grünlichblauen Wasser lange Algenfahnen, und dort, wo Äste und zusammengeschwemmtes Laub als dichte Geniste vom Bach durchsprudelt wurden, verhärtete der Kalksinter zu steinernem Pflanzenwerk. Nur über diese Kaskaden konnten die Jäger die Schlucht bezwingen, deren oberer verflachender Teil schneller durchklettert war. Aufatmend standen sie nun am Rande der Klamm, vor sich eine Talerweiterung mit sanft ansteigendem, flachem Boden. Zur Rechten ließen von Wildschweinen durchsuhlte Sümpfe und glucksende Rinnsale zwischen Schachtelhalmen die Quellmulde erkennen, in der der Bach entsprang, um nach nur kurzem Lauf von der Klamm verschluckt zu werden. Geradeaus und zur Linken zog sich ein mit mächtigen, teilweise durch das Alter geborstenen Eichen durchsetzter Jungwuchs von Laubbäumen hin.

Und da – sie hatten kaum die Kante der Schlucht erstiegen – wurde die Aufmerksamkeit der Jäger plötzlich auf das äußerste angespannt: Nur wenige Schritte vor ihnen erhebt sich hinter einem gestürzten, moosüberwucherten und mit modernden Pilzkonsolen bedeckten dicken Stamm der überraschte Bär. Er ist riesig, aufgerichtet fast doppelt so groß wie die Menschen vor ihm. Einer von ihnen springt mit hastig ausgestoßenen, abgerissenen Lauten vor, pflanzt behende seinen Speer im Boden auf, mit der gehärteten Spitze dem Bären entgegengestellt. Dieser will sich mit wütendem Brummen auf den Angreifer werfen, um ihn mit dem Schlag einer Pranke zu Boden zu strecken oder in tödlicher Umarmung zu erdrücken. Er fällt mit lautem Aufbrüllen in den Speer, wird von den seitlich zustoßenden Jägern durch weitere Speerstiche in den Flanken und am Hals verletzt; ein aufspritzender Blutstrahl zeugt von einer tiefen Wunde, und mit letzter Kraft die Speerschäfte zerknickend, sinkt der Riese in sich zusammen. Alles ging schnell. Ein, zwei Jäger stoßen noch mehrere Male mit den Speeren zu, sie verharren einen Augenblick, noch ganz im Banne der Plötzlichkeit des Geschehens, doch dann lösen sich ihre verkrampften Gesichter, weicht die Wildheit ihrer Blicke einem glücklichen Lächeln. Einige schreien freudig auf, werfen die Arme hoch. Schwer und hörbar atmend, stehen sie um die erlegte Beute, deren letzte Zuckungen den raschen Tod andeuten.

Mit geschickten schnellen Schnitten ihrer Feuersteinmesser sind bereits zwei Männer dabei, den Bären aufzubrechen. Nun kommen auch die anderen hinzu. Gierig langen sie in die Bauchhöhle hinein, reißen dampfende Innereien heraus, schöpfen das Blut mit der Hand, schmatzen und schlingen. –

So geschah es vor 350000 Jahren sicher unzählige Male bei Bilzingsleben. Die Ausgrabung zwingt uns zu dieser Deutung, auch der geschilderten Details. Natürlich läßt sie auch den weiteren Vorgang dieses Ereignisses im Alltag der steinzeitlichen Jäger rekonstruieren: Nachdem erste Gier und Hunger gestillt sind, machen sie sich, bis zu den Oberarmen, im Gesicht und überall mit Blut verschmiert, mit Kenntnis und Geschick an das fachgerechte Abhäuten und Zerlegen der Beute. Dann stopfen sie die kleineren Teile in den vorsorglich mitgebrachten Fellsack, der, schwer genug, von zwei Jägern gerade noch getragen werden kann. Andere Stücke werden im Bärenfell, an dem noch die Pranken und der Kopf hängen, verpackt – eine weitere Last für zwei Männer, während sich der letzte, vielleicht der Alte, einen großen Schinken auf die Schulter lädt. Rippenstücke und Wirbelsäule lassen sie zurück – an ihnen haftet wenig Fleisch, diese Knochen enthalten wenig Mark –, und im übrigen haben die erfolgreichen Wildbeuter ohnehin schwer zu tragen. Auf dem Heimweg sind die Männer weniger vorsichtig. Laut und fröhlich rufen sie sich zu, zwar nicht mit fließender menschlicher Sprache, aber doch schon mit kurzen abgerissenen Silben, mit konsonantenreichen Zisch- und Schnalzlauten. Sie umgehen jetzt die Schlucht, wählen einen leichteren und schneller nach Hause führenden Weg. Dieses «Zuhause» ist das Lager der ganzen Gruppe, am Ufer eines Sees, wo die Frauen, Kinder und Alten zurückgeblieben sind, die Feuerstellen gehütet werden und zu dem einige andere Männer und kräftige Halbwüchsige erst später von weniger ertragreich verlaufener Jagd auf Biber heimkehren. Unsere Jäger werden mit großem Geschrei und von heraneilenden nackten Kindern begrüßt und empfangen, nachdem sie sich mit einem täuschend nachgeahmten Trompetenruf des Waldelefanten angemeldet haben. Das Fell wird bewundert, die blutigen Speere werden fachmännisch von einigen Alten geprüft, das Fleisch wird ihnen buchstäblich aus den Händen gerissen. Und bald sitzt die ganze Horde einträchtig beim Mahle, wobei das Fleisch meist roh verzehrt wird. Die Röhrenknochen werden im Feuer erhitzt und mit Steinen aufgeschlagen, das schmackhafte Mark wird herausgekratzt, das Fell zum vorläufigen Trocknen und zur weiteren Verwendung aufgespannt. Das Ende dieser Szene dürfte ein rülpsendes Wohlbefinden der ganzen Gemeinschaft gewesen sein.

Aber der Alltag im Jägerleben dieser Urmenschen hat sicher noch weit mehr Abwechslung gebracht, hat aus glücklichen wie entbehrungsreichen Tagen bestanden, war von tragischen Schicksalen, aufregenden Abenteuern in einer noch weitgehend unbezwungenen Umwelt, von Ängsten und Freuden, zäher Tradition und erfinderischen Eingebungen bestimmt.

Dem Urmenschen auf der Spur

Die kleine Jägergemeinschaft des Homo erectus vom Bilzingslebener See kehrt zur neuen Jagdsaison an ihren Rastplatz zurück. Sie hat den Hainleite-Rücken überstiegen; südlich vor ihr breitet sich die Thüringer Beckenlandschaft aus, am Horizont ist die Silhouette des Thüringer Waldes zu erblicken. –
Das frühmenschliche Dasein war das eines Wanderjägers, war von Unrast, Wanderung und Vorstoß ins Ungewisse gekennzeichnet. Für Homo erectus nahm es einen abenteuerlichen Charakter an. Ob er sich dessen schon bewußt war, besonders dann, wenn ihn seine Neugier in noch unbekannte, fremdartige Gebiete führte? Auch für uns Menschen heute ist es bestimmt ein großes Abenteuer, seinen Spuren zu folgen, in mühseliger Forschungs- und Grabungsarbeit Geheimnisse dem Boden zu entreißen, um Licht in das Dunkel des stammesgeschichtlichen Weges zu bringen, Erkenntnis an Erkenntnis über unseren biologischen und gesellschaftlichen Werdegang zu reihen. Bei aller weltanschaulichen Problematik auf der einen und dem natürlichen Phänomen der Menschwerdung auf der anderen Seite ist es kein Wunder, wenn die Suche nach dem ersten Menschen oder nach seinen Vorfahren Sensationen und aufregende Erlebnisse kennt, was sowohl die Entdeckung eines Fundstückes als auch seine erkenntnistheoretische Auswertung betrifft. In den vergangenen 120 bis 150 Jahren wurde allmählich jenes Wissen zusammengetragen, das uns heute zur Formulierung einer allgemeinen Theorie über die Abstammung und Entwicklung des Menschen zwingt. Wir müssen uns aber bewußt sein, daß, wie jeweils Jahrzehnte um Jahrzehnte zurück, auch dieses Bild nach wie vor dem gegenwärtigen Stand der Forschung entspricht, sozusagen ein «Jeweilsbild» der Forschung darstellt, wie es einmal ein prominenter Anthropologe bezeichnet hat. Es kann durch jeden neuen Fund – so auch durch die Entdeckung bei Bilzingsleben – eine Ergänzung oder Änderung erfahren. Genauso wird es unseren Vorstellungen ergehen, die wir uns zur Zeit von den Funden und Befunden von der Steinrinne bei Bilzingsleben machen.

Der Fund von Bilzingsleben reiht sich ebenbürtig in die Folge der bedeutenden Entdeckungen des fossilen Menschen ein. Er stammt aus dem Herzen Europas – aus einem Gebiet, das mit Westeuropa zu jenen klassischen Landschaften zählt, in denen die Suche nach dem fossilen Menschen überhaupt begann, wo die Wissenschaft von der Abstammungsgeschichte des Menschen entstand. Diese Wissenschaft ist sehr jung. Sie hat sich erst gegen Ende des vergangenen Jahrhunderts herausgebildet, lange nach den klassischen Naturwissenschaften. Doch das, was sie uns bisher über die stammesgeschichtliche Entwicklung und die Herkunft des Menschen berichten kann, ist so aufregend, ihr Werdegang oft so abenteuerlich, daß es angebracht erscheint, angesichts der Entdeckung bei Bilzingsleben den forschungsgeschichtlichen Weg dieser Wissenschaft, die als Paläoanthropologie bezeichnet wird, in einigen wichtigen Etappen zu schildern.

Schöpfungsmythos und Abstammungslehre

Die Frage nach dem Ursprung des Menschen ist nicht neu. Seitdem forschender Menschengeist rege ist, wird diese Frage gestellt. Bedingt durch die zunächst nur mangelhafte Erklärung der Natur und zögernde geistige Durchdringung der Naturgesetze, aber auch durch die egozentrische Mittelstellung in der Welt, die sich der Mensch beimißt, wurde sein Ursprung durch unzählige Schöpfungsmythen und göttliche Akte erklärt. Der biblische Schöpfungsbericht ist für uns nicht nur das bekannteste, sondern auch das wichtigste Beispiel, denn er hemmte zwei Jahrtausende hindurch den wissenschaftlichen Forschungsdrang. Selbst die Naturerkenntnis der altgriechischen vorsokratischen Periode mußte erst mühsam wieder nachgedacht oder allmählich aus schriftlichen Überlieferungen gegraben werden. Bis ins 18. Jahrhundert hinein ging Naturwissenschaft im wesentlichen nicht über das Sammeln von Kuriositäten hinaus. Naturphilosophie war geistiger Hochverrat, eine Entwicklung wurde grundsätzlich abgelehnt. Versteinerte Reste ausgestorbenen Lebens galten als von einer anorganischen Kraft, einer «vis plastica», hervorgebrachte Naturspiele. Die durch Zweckbestimmung charakterisierte, wirklichkeitsfremde Naturgeschichte des Aristoteles war das einzig zugelassene Denkmodell.

Infolge derart festgelegter Verhältnisse war es kaum möglich, ernsthafte Zweifel an der herrschenden Art der Naturbetrachtung zu äußern, ohne damit einen hartnäckigen Widerstand auszulösen und mit der öffentlichen Meinung in Konflikt zu geraten.

Besonders die Frage nach dem Ursprung des Menschen galt als heikles Problem. Sie rührte an die Grundfesten eines erstarrten Gedankengebäudes scholastischer Wissenschaft und des Bibelglaubens. So wurde die «Frage der Fragen» selbst bei einfachen Untersuchungen der Natur ausgeklammert. Einer systematischen Naturbeobachtung und -beschreibung war damit der Weg verbaut. Sie hielt sich in den vorgeschriebenen Bahnen und war oft genug Sache von Phantasten und Scharlatanen.

So erstreckten sich die Forschungen nach dem fossilen Menschen vor allem auf die Beweisführung des biblischen Geschehens, der Sintflut. Besser wäre gewesen, das zu unterlassen, denn auf der Suche nach einem Beweis für die göttliche Erschaffung Adams regte man die wissenschaftliche Neugier unnötig stark an, man forderte förmlich zum Widerspruch heraus und erzielte allmählich, nämlich 200 Jahre später, das Gegenteil: Statt eines geheimnisvollen göttlichen Schöpfungsaktes wurde die Entstehung alles Lebendigen, einschließlich des von seiner Sonderstellung entthronten Menschen, ganz banal auf natürliche Entwicklungsgesetze und chemische Reaktionen einiger Eiweiße und Aminosäuren reduziert.

1726 schien eine Lösung gefunden worden zu sein: Der Medicus und Chorherr Johann Jakob Scheuchzer aus Zürich glaubte, als unfehlbare Überbleibsel «jener allgemeinen und schrecklichen Wasserfluth» nicht nur versteinerte Pflanzen, Fische, vierfüßige Tiere, Schnecken und Muscheln anführen zu können, sondern auch den dabei ertrunkenen Menschen, den «Alten Sünder». In einem oberbadischen Kalksteinbruch hatte man «ihn» gefunden: das – wie sich 70 Jahre später herausstellen sollte – Skelett eines ausgestorbenen Riesensalamanders. Scheuchzers Schrift über diesen «Sintflutmenschen» löste eine wahre Welle von Anteilnahme und Begeisterung aus. Nunmehr fahndeten eifrig zahllose «Diluvianer» nach den Spuren der Sintflut, Zeugen des danach so benannten Diluviums. Ihre emsige Sammelei hatte zumindest einen Vorteil: Sie füllte Sammlungsschränke und Raritätenkabinette.

Gegen Ende des 18. und an der Wende zum 19. Jahrhundert flackerten die ersten ernsthaften Zweifel an der bestehenden Ordnung auf. Wagemutige Naturforscher rührten nämlich an die Grundfesten der Lehre von der Unveränderlichkeit der Natur, der Zweckbestimmung ihrer Erscheinungen, ja sie stellten bereits den biblischen Schöpfungsakt in Frage. Die ersten Entwicklungstheorien wurden formuliert – so von dem Grafen Buffon, von Jean Baptiste Lamarck, Etienne Geoffroy de Saint-Hilaire, Erasmus Darwin und Johann Wolfgang von Goethe. Ihre allerdings weit voneinander abweichenden Ansichten über die Veränderlichkeit und Entwicklung (Evolution) in der Natur konnten unmöglich den Menschen ausklammern. Auch der Mensch ist ein Teil der Natur, hatte sich aus der Vielzahl von weniger kompliziert organisierten Lebewesen entwickelt.

Charles Darwin

Doch sollten die aufkeimenden Evolutionsideen einen schweren Rückschlag durch den Elsässer Georges Cuvier (1769–1832) erleiden, der seit dem Ende des 18. Jahrhunderts wie Buffon und Lamarck am Jardin des Plantes in Paris wirkte. Cuvier – zwar ein berühmter Paläontologe, aber Gegner des Entwicklungsgedankens – erkannte auch wie andere vor ihm, daß die Tierwelt während der Erdgeschichte ständig wechselte. Er führte aber die fortwährende Änderung, das Aussterben altertümlicher und Auftreten neuer Tierformen, auf ein weltweites Wirken von katastrophalen Vorgängen zurück. Diese löschten das Leben weitgehend aus, wurden aber jeweils durch ständige Neuschöpfungen abgelöst. Erst vor 5000 bis 6000 Jahren sollte bei dem letzten Schöpfungsakt mit der heutigen Tierwelt auch der Mensch entstanden sein. Es durfte also keinen fossilen Menschen geben. Selbst noch nach dem Tode Cuviers hatten es Vertreter des Entwicklungsgedankens schwer, sich der starken Anhängerschaft der Katastrophentheorie gegenüber durchzusetzen. Das gelang erst dem englischen Naturforscher Charles Darwin (1809–1882), nachdem sein Landsmann, der Geologe Charles Lyell, in einem 1830 bis 1833 herausgegebenen mehrbändigen Werk, den «Grundzügen der Geologie», den Weg bereiten half.

Lyell, Begründer der modernen Geologie, vertrat weder die Ansicht der Vulkanisten, die das Erdbild vorwiegend durch dramatisches vulkanisches Krachen und Poltern entstehen ließen – eine für Katastrophentheoretiker höchst willkommene Art der Deutung –, noch die Ansicht der Neptunisten, die das Erdbild allmählich durch die ausscheidende Tätigkeit des Wassers entstanden wissen wollten. Aber auch Wasser- und Schlammfluten als Beweis der Sintfluttheorie fanden bei ihm keine Anerkennung. Seine wichtigsten Erkenntnisse waren einmal die unendlich lange Zeit, die die Erdgeschichte umfaßte, zum anderen aber, daß die gegenwärtig beobachtbaren geologischen Vorgänge ausreichen, in derart langen, Jahrmillionen umfassenden Zeiträumen durch ihre schrittweise wirkende Tätigkeit das Erdbild zu formen. Geschehnisse, die bei der Vorstellung kurzfristiger Vorgänge Katastrophen vortäuschten, erschienen plötzlich als allmählicher Wandel. Das galt besonders für die jüngste Vergangenheit, die als eine sintflutartige Katastrophe mit weltweiten Überflutungen angesehen wurde. Dafür setzte sich – nicht nur als Verdienst Lyells – in der ersten Hälfte des 19. Jahrhunderts die richtige Erkenntnis durch, daß dieses «Diluvium» durch viel gewaltigere Ereignisse gekennzeichnet war, nämlich durch wiederholte kontinentweite riesige Vergletscherungen, deren Spuren im Umkreis der Alpen sowie in Nord- und Mitteleuropa nachgewiesen wurden.

Wenn die großartigen Veränderungen der Erde und ihrer Oberfläche auf die Wirkung kleiner Ursachen zurückgeführt werden können, dann haben derart kleine Ursachen auch die allmähliche Veränderung und stetige Entwicklung ihrer Bewohner bewirkt. Und ist das nicht schließlich auch für den Menschen anzunehmen? Warum soll gerade er eine Ausnahme machen? Diese modernen geologischen Ansichten erforderten folgerichtig die Existenz eines urzeitlichen Menschen; sie machten ihn zum Zeitgenossen der bereits aus zahllosen Fossilfunden erkannten urzeitlichen Säugetiere, wie Mammut, Wollhaarnashorn und Höhlenbär, und zum Zeugen der Eiszeit.

Auf dieser so vorbereiteten Bahn, die den Widerstand der Schöpfungstheoretiker erneut aufflackern ließ, war es Charles Darwin möglich, die aus zahllosen Beobachtungen, besonders auf seiner Weltreise mit der «Beagle», geborenen Gedanken zur Veränderlichkeit und Entstehung der Arten als Abstammungstheorie zu formulieren und in seinem berühmten Buch «Über den Ursprung der Arten durch natürliche Zuchtwahl» 1859 zu veröffentlichen. Darin wies er nach, daß alle Tier- und Pflanzenarten das Ergebnis eines allmählichen Entwicklungsprozesses von einfachen zu komplizierten Formen sind. Als wichtigste Faktoren dieser natürlichen Evolution erkannte er die den Organismen eigene Neigung zur Variabilität und die natürliche, durch sich verändernde Umweltbedingungen verursachte Auslese. Dem Entwicklungsgedanken war zum Durchbruch verholfen, die natürliche Abstammungslehre geboren. Darwins Buch – nach

Ernst Haeckel

Thomas Huxley

seinem Erscheinen sofort vergriffen – gab den Auftakt zu jahrzehntelangen, heftigen Auseinandersetzungen auf naturwissenschaftlichem und ideologischem Gebiet.

Allerdings schreckte Charles Darwin noch davor zurück, seine Theorie auch auf den Menschen auszudehnen. Aber einen Satz widmete er ihm: «Licht wird auch auf den Ursprung des Menschen und seine Geschichte fallen.» Die Einbeziehung des Menschen in die allgemeine Abstammungslehre lag nun auf der Hand. Sie wurde auch sofort Mittelpunkt im Streit um diese Lehre. Als begeisterte Verfechter sind in England die Naturforscher Thomas Huxley (1825–1895) und Charles Lyell, in Deutschland Ernst Haeckel (1834–1919) anzusehen. Huxley und Haeckel führten an Hand anatomischer Untersuchungen den Beweis für die nahe Verwandtschaft des Menschen mit den Menschenaffen und postulierten die Abstammung des Menschen von affenartigen Vorfahren.

Das Jahr 1863 sollte zu einem besonders denkwürdigen Datum für die menschliche Abstammungsgeschichte werden. Huxley publizierte seine Ansichten in der Schrift «Zeugnisse für die Stellung des Menschen in der Natur», Lyell äußerte sich über das Alter des Menschengeschlechts und gab eine Übersicht aller bis dahin bekannten Funde vorzeitlicher Menschen, und Ernst Haeckel hielt auf der 38. Versammlung der Deutschen Naturforscher und Ärzte am 19. September in Stettin als noch nicht Dreißigjähriger einen Vortrag über Darwins Abstammungstheorie. Dabei erklärte er zur allgemeinen Überraschung hochwürdiger Professoren: «Was uns Menschen selbst betrifft, so hätten wir konsequenterweise unsere Vorfahren in affenähnlichen Säugetieren zu suchen.» In der Folgezeit vervollständigte Ernst Haeckel seine Ansichten über die natürliche Abstammung der Organismen einschließlich des Menschen, veröffentlichte sie auch in populären Schriften und stellte sie in einem Stammbaumschema wirkungsvoll dar. Darin werden Verwandtschaft mit den Affen wie die Herkunft des Menschen aus – wie Haeckel betonte – längst ausgestorbenen affenähnlichen Vorfahren deutlich. Zwischen diesen und den Menschen mußte nach Haeckels Annahme eine Übergangsform stehen, die er hypothetisch als «Pithecanthropus alalus» – d. h. nichtsprechender Affenmensch – bezeichnete. Als schließlich Charles Darwin 1871 noch selbst zur Abstammung des Menschen Stellung nahm und Friedrich Engels 1876 seine Studie über den «Anteil der Arbeit an der Menschwerdung des Affen» und den gesellschaftlichen Charakter der menschlichen Evolution niederschrieb, waren die wichtigsten wissenschaftlichen Voraussetzungen für die weitere Erforschung der Evolution des Menschen geschaffen, waren die Wege für zukünftige Arbeiten gewiesen. Den tiefen Sinn solcher Forschungen legte damals Huxley in heute noch gültigen Worten fest: «Die Frage aller Fragen für die Menschheit, das Problem, welches allen übrigen zugrunde liegt und welches tiefer interessiert als irgendein anderes, ist die Bestimmung der Stellung, welche der Mensch in der Natur einnimmt, und seiner Beziehung zu der Gesamtheit der Dinge. Woher unser Stamm gekommen ist, welches die Grenzen unserer Gewalt über die Natur und der Naturgewalt über uns sind, auf welches Ziel wir hinstreben – das sind die Probleme, welche sich von neuem und mit unvermindertem Interesse jedem zur Welt geborenen Menschen darbieten.»

Was der Forschung während der zweiten Hälfte des vergangenen Jahrhunderts noch fehlte, waren – abgesehen vom Neandertaler, den wir noch kennenlernen werden – eindeutige Fossilfunde des Menschen.

Denn was nützt alle Theorie, wenn sie sich nicht auf Tatsachen und Beweise stützen kann?

Erste Begegnung mit dem ausgestorbenen Menschen

Inspiriert durch die Ansichten der Diluvianer und die ersten paläontologischen Erkenntnisse, suchten nicht nur Kuriositätensammler und Kurpfuscher Versteinerungen, besonders das fossile Elfenbein, das «unicornu fossile», ein brauchbares Heil- und Zaubermittel, sondern es begannen auch ernstgemeinte Unternehmungen zur Bergung von Dokumenten der Sintflut. Dabei kam es zu ersten Kontakten mit fossilen Menschenresten und hin und wieder zur Erkenntnis, daß der fossile Mensch existiert haben müsse. Das erste Mal begegnete ihm 1774 ein Pfarrer in einer Höhle des fränkischen Höhlengebietes, als er unter Bärenknochen auch solche des Menschen, sogar eine ganze Schädelkapsel, fand. Pfarrer Esper hatte also den ersten vorzeitlichen Menschenfund gemacht. Man nahm ihn nicht ernst, sein Widerspruch darauf verhallte ohne Echo, die Funde gingen verloren. Auch andere Funde in der nachfolgenden Zeit und ihre Entdecker erlitten ein ähnliches Schicksal, so in England, Frankreich oder Belgien, obwohl bei diesen z. T. gezielt durchgeführten Untersuchungen von Fundstätten neben der Aufdeckung menschlicher Reste schon die ersten urtümlichen Steingeräte erkannt wurden.

Aus dieser Frühzeit der Forschung ist uns die Mitteilung von einem Fund überliefert, die den Ort Bilzingsleben bereits in der Geschichte der Fahndung nach dem ersten Menschen erscheinen läßt. Der Paläontologe Ernst Friedrich Freiherr von Schlotheim (1765–1832) erwähnte ihn in seiner 1820 in Gotha erschienenen «Petrefactenkunde»: einen menschlichen Schädel, der im Travertin der Steinrinne bei Bilzingsleben zwei Jahre zuvor von Steinbrucharbeitern gefunden worden sein sollte. Nicht erst dieser Fund, sondern schon einige Jahre zuvor in Gemeinschaft mit einer ausgestorbenen Fauna gefundene menschliche Überreste aus einer lehmgefüllten Schlotte im Kalkgebirge Ostthüringens waren für Schlotheim Anlaß genug, um Zweifel an den Lehrsätzen des von ihm so hochverehrten Meisters Cuvier aufkommen zu lassen. Aber die Autoritäten setzten Schlotheim hart zu. Der Fund von Bilzingsleben schien ihnen nicht dazu auserkoren, sie von der Existenz des fossilen Menschen zu überzeugen. Schlotheim gab schließlich klein bei; offenbar warf er diese «unliebsamen» Fundstücke weg. Jedenfalls sind sie verschollen, und niemand kann heute mehr nachprüfen, ob der Bilzingslebener Schädel von damals wirklich einem vorzeitlichen Menschen, vielleicht sogar einem Urmenschen, zugehörte.

So sollte erst viel später ein anderer Menschenfund Anlaß zu erneutem Streit und schließlich zur systematischen Spurensuche nach dem fossilen Menschen geben: der berühmte Fund aus dem Neandertal bei Düsseldorf. Steinbrucharbeiter entdeckten ihn 1856 bei Abräumarbeiten in einer der beiden Feldhofer Grotten.

Schädelkalotte aus der Feldhofer Grotte im Neandertal bei Düsseldorf

Es handelte sich um Teile eines Skelettes, die dem Gymnasialdirektor von Elberfeld, Johann Carl Fuhlrott (1804–1877), übergeben wurden. Dieser sah sich nun nicht, wie vom Steinbruchbesitzer angekündigt, Höhlenbärenresten gegenüber, sondern staunte verblüfft über das Gebein samt Hirnschädel eines menschlichen Wesens mit außerordentlich robustem und tierhaftem Körperbau, namentlich mit mächtigen knöchernen Überaugenbögen. Es sollte namengebend werden für eine ganze Formengruppe des ausgestorbenen Menschen, die, wie wir heute wissen, zu Beginn der letzten Eiszeit vor etwa 100000 bis 40000 Jahren gelebt hat: für den Neandertaler. Die richtige Ansicht, es handele sich bei den Funden aus dem Neandertal um Reste des fossilen Menschen, konnte sich schwer durchsetzen. Ganz besonders sträubte sich die Autorität der Naturwissenschaftler jener Zeit in Deutschland, der berühmte Arzt und Anthropologe Rudolf Virchow, dagegen, der den Fund aus dem Neandertal nicht anerkennen wollte, sondern höchstens als trauriges Überbleibsel eines unglücklichen, krankhaft veränderten Individuums ansah. Der Spektakel um den Fund spitzte sich erst recht zu, als Darwins Abstammungslehre wie ein Blitz aus heiterem Himmel einschlug. Erst nach einem Besuch des Neandertales durch Lyell erhielt der Fund eine gewisse Bestätigung als Nachweis des fossilen Menschen. Man erinnerte sich an ältere Funde, die in den Schubladen schlummerten, so von Gibraltar, und neue kamen hinzu – so von La Naulette und Spy in Belgien und aus der Šipkahöhle in Mähren. Alle diese Funde konnten nun als gleichartige urtümliche Typen dem Neandertaler zugeordnet werden, bis dann schließlich der Anatom Gustav Schwalbe mit seiner 1902 über den Neandertaler verfaßten Monographie ihm zu weltweiter Anerkennung verhalf.

Parallel zum Ringen um die wahre Stellung des Neandertalers verliefen die zuerst zaghaft, dann auf Grund zahlreicher Neuentdeckungen, besonders in einem Eldorado der Urgeschichtsforschung, in den Höhlen des Vézère-Tales in Frankreich, immer systematischer, ernsthafter und bewußter durchgeführten Forschungen um die Überbleibsel der materiellen Kultur des urzeitlichen Menschen. In dem nordfranzösischen Ort Abbeville konnte der Zolldirektor J. Boucher de Perthes seit Ende der dreißiger Jahre des vorigen Jahrhunderts einer dort in den Kiesen der Somme schlummernden Kultur von Faustkeilen und zahlreichen anderen Werkzeugen aus Feuerstein die allgemeine Anerkennung verschaffen. Im Laufe der Forschung während der 2. Hälfte des 19. Jahrhunderts gelang die Untergliederung der kulturellen Zeugen, die in einer wahren Flut aus dem Boden geholt wurden, in mehrere, mit dem erdgeschichtlichen Ablauf des Eiszeitalters parallelisierbare Stufen. Eine jüngste Stufe dieses «Paläolithikums» (Altsteinzeit) mit technisch spezialisierten Werkzeugen aus

Eugène Dubois

Stein, Geweih und Elfenbein sowie ersten Zeugen künstlerischer Tätigkeit konnten dem fossilen Homo sapiens, dem eiszeitlichen Neumenschen, zugeschrieben werden. Eine davorliegende Stufe mit einfachen Handspitzen, Schabern und Messern wurde als Kultur des Neandertalers erkannt. Aber war nun der Neandertaler auch wirklich der erste Mensch in der Evolution des Menschengeschlechts? Wer hatte die urtümlichen Faustkeile hergestellt, die wesentlich älter sein mußten als die Überreste des Neandertalers und seiner einfachen Kultur?

Auf diese Fragen sollte erst viel später eine Antwort gefunden werden.

Jagd nach dem Urmenschen

Mitten in der Zeit heftiger Auseinandersetzungen um Abstammungslehre und Anerkennung der Existenz eines vorzeitlichen Menschen machte es sich ein junger, tatendurstiger und ehrgeiziger Anatom aus Amsterdam zur Aufgabe, den Urmenschen zu suchen. Wenige Jahrzehnte vor ihm schrieb noch Huxley: «Wo müssen wir nach dem Urmenschen suchen? Lebte der älteste Homo sapiens im Pliozän, im Miozän oder noch früher? Warten die fossilisierten Knochen eines Menschenaffen, der noch menschenähnlicher, oder die eines Menschen, der noch affenartiger ist als die bis heute bekannten, in noch älteren Schichten auf die Nachforschungen irgendeines noch nicht geborenen Paläontologen?»

Eugène Dubois (1858–1940) – so hieß dieser junge Anatom – kannte die entscheidende Streitfrage nicht nur beiläufig, denn das verlangte bereits sein fachliches Interesse. Er war sich aber auch im klaren darüber, daß rein theoretische Erwägungen und Vermutungen nicht weiterhalfen. Erst praktische Ausgrabungsarbeit und aktive Suche nach dem Fossil eines vorzeitlichen Menschen würden den Beweis für die Richtigkeit der natürlichen Abstammung des Menschen liefern! Er kannte die revolutionären Gedanken Darwins, die Grundzüge einer modernen Geologie Lyells, aber auch die anatomischen Untersuchungen und Ansichten Huxleys und Haeckels.

Haeckel glaubte, bei vergleichenden anatomischen Untersuchungen auf Grund großer Ähnlichkeit die nahe Verwandtschaft des Menschen mit dem Gibbon erkannt zu haben. Somit dachte er auch an gibbonartige Vorfahren des Menschen. Gibbons leben heute auf den indonesischen Inseln, also müßten dort diese Vorfahren zu suchen sein. Wie wir heute wissen, waren beide Ansichten Haeckels falsch, und die Urgibbons wurden später sogar in Nordafrika entdeckt. Aber davon konnte Dubois noch nichts wissen. Das, was zu suchen er sich hartnäckig in den Kopf gesetzt hatte, war bereits von Ernst Haeckel prophetisch «erfunden» worden: der Pithecanthropus, als hypothetisches Zwischenglied zwischen affenartigen Vorfahren und Mensch.

Dubois' berühmter Fund von 1891: der Hirnschädel des Pithecanthropus von Trinil, Mitteljava

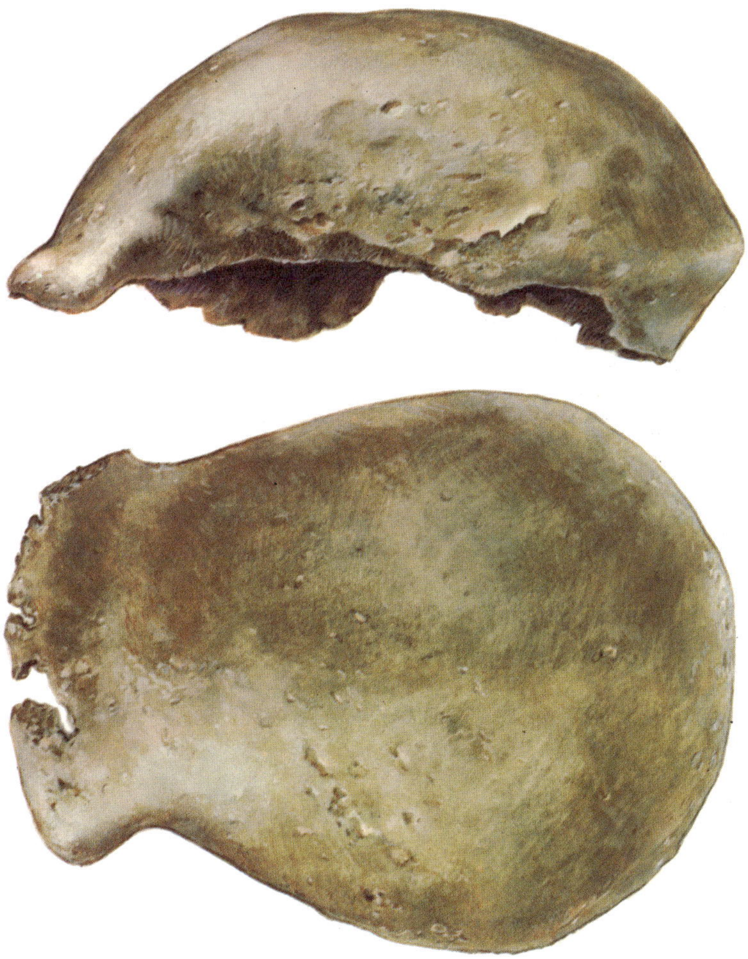

Als Militärarzt schiffte sich Dubois 1887 nach den holländischen Kolonien in Südostasien ein, nach den Inseln Sumatra und Java. Und hier sollte trotz der falschen Voraussetzungen nach einigen Jahren unermüdlicher Grabungsarbeit bei Trinil, in der tropischen Hölle Javas, das Unglaubliche geschehen: Der Urmensch wurde entdeckt! Ein Backenzahn, vermutlich der eines Menschenaffen, den Dubois am Ufer des Solo-Flusses fand, war die erste, wenn auch fragliche Spur. Mit Hilfe einer einheimischen Grabungsmannschaft ließ er am Ufer des Flusses Schicht um Schicht der fossilreichen Mergelablagerungen und vulkanischen Tuffe abheben. Kiste um Kiste füllte sich mit der reichen Ausbeute – Skelettresten nicht bekannter, ausgestorbener Tiere, einer Fundgrube für den Paläontologen. In über 14 m Tiefe erschien dann der ersehnte Fund: ein dunkelbraun gefärbtes Schädeldach mit urtümlichen Merkmalen, wie einer flachen, fliehenden Stirn und einem mächtigen Überaugenwulst. Nach der Regenzeit bargen die Ausgräber aus dem gleichen Horizont noch einen menschlichen Oberschenkelknochen und einige Backenzähne.

Zunächst war Dubois davon überzeugt, einen gibbonähnlichen Menschenaffen gefunden zu haben, allerdings mit aufrechtem Gang, wie die Form des Oberschenkelknochens bewies. Genauere Untersuchungen – sie beziehen sich auf den relativ großen Rauminhalt des Hirnschädels (etwa 900 cm^3), der ungefähr zwischen den Hirnvolumen von Menschenaffe und Mensch liegt, dann die typisch menschlichen Besonderheiten des Oberschenkelknochens – ließen schließlich Dubois erkennen, daß sein langersehntes Ziel erreicht war. So unwahrscheinlich es auch erschien: Er hatte den Urmenschen gefunden! In Anlehnung an Ernst Haeckel, den «Erfinder des Pithecanthropus», nannte er ihn Pithecanthropus erectus – den aufrecht gehenden Affenmenschen.

Haeckel war überglücklich. Für ihn war der Fund ein Triumph im Kampf um die Anerkennung der Abstammungslehre.

Kurze Zeit später reisten Wissenschaftler aus allen Himmelsrichtungen nach Leiden, um die Funde in Augenschein zu nehmen. Haeckel war leider verhindert. Er sah die Funde erst anläßlich einer Vortragsreise von Dubois. «Vor kurzem hatte ich eine rechte wissenschaftliche Freude.» So schrieb 1895 Haeckel an den berühmten Anatomen Gegenbaur. «Am 20. Dezember war Dr. Eugène Dubois aus Haag, der Entdecker des Pithecanthropus, hier und hielt (unter Demonstration seiner höchst interessanten Fossilien etc.) einen ausgezeichneten Vortrag. Die Entdeckung ist viel wichtiger, als ich nach seiner Schrift annahm; besonders die wirkliche Mittelstellung zwischen Affe und Mensch wußte er ausgezeichnet morphologisch und physiologisch zu begründen. Wenige Tage vorher hatte er denselben Vortrag in Berlin gehalten mit Zustimmung vieler Anatomen und Paläontologen trotz des anwesenden Virchow, der natürlich keine Beziehung zum Menschen fand...» Virchow, der alte Skeptiker, hielt auch diesmal den Fund nicht für ein menschliches Fossil, sondern für einen Riesengibbon.

Die Fundstelle des Pithecanthropus bei Trinil am Solo-Fluß. Blick gegen Westen

Die Leidener Zusammenkunft und viele Vortragsreisen Dubois' hatten nicht den erhofften Erfolg. Trotz Anerkennung und Beipflichtung von vielen Seiten rief der Fund auch die Gegner wieder auf den Plan. Nach so vielerlei und oft ungerechter Kritik stopfte Dubois die Knochen resignierend schließlich wieder in die Kisten. Zaghaft holte er sie erst in den dreißiger Jahren unseres Jahrhunderts wieder hervor. Bis dahin war sein Fund längst anerkannt. Aber Dubois nahm davon keine Notiz mehr.

Inzwischen stellte man auch fest, daß Pithecanthropus erectus keine Übergangsform, kein «missing link», war, wie zunächst vermutet, und daß er auch nicht aus endtertiären, sondern eiszeitlichen Ablagerungen stammte und daher «nur» etwa 450000 Jahre alt sein konnte. Aber das schmälert nicht das Verdienst von Eugène Dubois. Ohne die explosive Wirkung des Fundes wäre nie eine gezielte Forschung nach dem ausgestorbenen Menschen derart angeregt worden, hätten jene Entdeckungen, auf die sich heute unsere Kenntnis der Evolution stützen kann, noch lange auf sich warten lassen.

Aber eine Frage drängt sich angesichts der Urmenschenfunde von Bilzingsleben auf: Wie wäre die ganze Forschung weiter verlaufen, hätte Ernst Haeckel gewußt, daß seine hypothetische Zwischenform nicht nur im fernöstlichen Java, sondern fast vor seiner Haustür, nur 60 km nordwestlich von Jena, lag? An einen derartigen Fund im gemäßigten Klimagebiet war zunächst nicht zu denken. Man hatte sich hinsichtlich der Verwandtschaft und Entwicklung des Menschen auf die Heimat der großen Menschenaffen und die tropischen Klimagebiete orientiert.

Weitere Funde und Forschungen

Nach 1900 war der Anerkennung des Neandertalers als ausgestorbener Form des Menschen im allgemeinen zum Durchbruch verholfen. Wir verdanken das vor allem Neufunden in eindeutigen Fundverhältnissen. In Deutschland, Mähren und Kroatien, besonders aber in Frankreich, gelangten im ersten Jahrzehnt des neuen Jahrhunderts Neandertalerfunde ans Licht, so die berühmten Skelette von Le Moustier und La Chapelle-aux-Saints, Funde von La Quina und La Ferrassie.

Aber der Neandertaler forderte noch nicht zur endgültigen Anerkennung der natürlichen Abstammungslehre für den Menschen auf. Pithecanthropus hatte noch manchen Kampf zu bestehen!

Erst in den dreißiger Jahren sollte dem Urmenschen endgültig Daseinsberechtigung zugesprochen werden. Doch bis dahin war noch mühselige und aufopferungsvolle Forschungsarbeit von einigen besessenen Männern der Wissenschaft nötig, die ihren Wissensdrang nicht in verstaubten Bibliotheken und am Schreibtisch befriedigen wollten, sondern sich einer mit allen Unannehmlichkeiten und Entbehrungen verbundenen, erfolgversprechenden Geländearbeit verschrieben.

Bevor es jedoch soweit war, noch in der Zeit der heißen Auseinandersetzungen um den unbequemen Dickschädel vom Solofluß, gelang in Mitteleuropa ein neuer Fund. Er beunruhigte zunächst die Öffentlichkeit nicht sehr, denn auch seine wahre Natur wurde erst in den dreißiger Jahren erkannt: der berühmte Unterkiefer von Mauer bei Heidelberg. Zwei Jahrzehnte lang sammelte Otto Schoetensack aus Heidelberg in den etwa 10 km südöstlich der Neckarstadt liegenden eiszeitlichen Flußschottern, die durch die Kiesgruben des Herrn Rösch im Elsenztale aufgeschlossen und wegen ihrer reichen Funde fossiler Tierknochen bekannt waren. Am 21. Oktober 1907 erfüllte sich ein Traum Schoetensacks, als Kiesgrubenarbeiter in 20 m Tiefe im Schotter auf einen urtümlichen menschlichen Unterkiefer stießen. Er war vollständig erhalten, massig und plump gebaut, noch ohne ein ausgebildetes Kinn, doch schon mit typisch menschlichem Gebiß. Schoetensack erkannte sein sehr viel höheres Alter den Neandertalfunden gegenüber und wies ihn einem Menschen zu, den er Homo heidelbergensis nannte. Das ist der älteste Europäer, der auch heute noch durch diesen Unterkieferfund repräsentiert wird.

In die gleiche Zeit fällt eine Entdeckung, die unsere Fundstelle bei Bilzingsleben wieder in das Licht der Forschung zu rücken beginnt. Sie hing zwar nicht mit sensationellen Menschenknochenfunden zusammen, die die Öffentlichkeit hätten aufhorchen lassen, aber sie bot immerhin eine Voraussetzung, die bei Bilzingsleben schlummernden Funde schon damals ans Tageslicht zu heben! Es handelte sich hier um erste Feuersteinartefakte, die der Paläontologe Ewald Wüst entdeckte. Damit war die Anwesenheit des eiszeitlichen Menschen in Bilzingsleben mit großer Sicherheit nachgewiesen. Doch davon später.

Verfolgen wir noch den weiteren Weg auf der Suche nach dem ersten Menschen. Dazu müssen wir wieder Europa verlassen und ins fernöstliche Asien reisen.

«Drachenzähne» sollten hier den Anlaß zur Entdeckung der wohl bisher umfangreichsten und wichtigsten Fundstelle des frühen Menschen geben. Schon im alten China galten fossile Tierzähne und -knochen als heilkräftige Medizin gegen allerlei seelische und körperliche Gebrechen. Bis in unser Jahrhundert hinein hielt man an diesem Aberglauben fest, und es wanderten tonnenweise Fossilfunde aus Höhlen und Karstspalten durch chinesische Apotheken und menschliche Mägen als Drachenmedizin. Der deutsche Arzt K. A. Haberer erwarb um die Jahrhundertwende eine Menge solcher Fossilreste in Pekinger

Davidson Black

Weng Chung Pei

Apotheken. Sein Freund Max Schlosser in München, der sie paläontologisch untersuchte, fand darunter einen menschlichen Backenzahn und fühlte sich verpflichtet, diesen Fund mitzuteilen, um «spätere Forscher, denen es vielleicht vergönnt ist, in China Ausgrabungen vorzunehmen, darauf aufmerksam zu machen, daß dort ... ein neuer fossiler Anthropoide oder doch ein altpleistozäner Mensch zu finden sein dürfte». Eine Spur war also sicher. Bei geologischen Geländearbeiten in der Umgebung Pekings wurde 15 Jahre später jedem kleinen Zeichen, das irgendwie auf die Existenz des Urmenschen deuten konnte, Beachtung geschenkt. Am «Berg des großen Drachen» bei dem kleinen Ort Choukoutien, 45 km südwestlich der chinesischen Millionenstadt, verdichteten sich solche Anzeichen zu einem unübersehbaren Hinweis. In der Nähe einer durch Einsturz verschütteten Höhle wurden nicht nur zertrümmerte Tierknochen gefunden, sondern auch zerschlagene Quarzsplitter, die von Natur aus nicht dorthin gehörten. In dem später in Schweden untersuchten Fundmaterial tauchten zwei Zähne auf, die wie der von Max Schlosser untersuchte Zahn einem fossilen Menschen angehören mußten!

Das gab den Ausschlag: Davidson Black, Anatom aus Kanada am Medical College in Peking und schon seit langem an menschlicher Urgeschichte interessiert, sprach sich mit dem Finder, dem schwedischen Geologen Andersson, ab, traf Vereinbarungen mit dem geologischen Dienst Chinas, organisierte finanzielle Unterstützung und begann 1927 mit einer großangelegten Ausgrabung, die erst der Schwede B. Bohlin, später der junge chinesische Anthropologe Weng Chung Pei leitete. Noch am Ende der ersten Grabungssaison, im gleichen Jahre, kam ein weiterer menschlicher Backenzahn inmitten großer Mengen an zertrümmerten Tierknochen zum Vorschein. Black wies ihn einem bisher nicht bekannten Urmenschen zu und nannte ihn Sinanthropus pekinensis – den Chinamenschen von Peking. Ein zunächst kühner Schluß! Doch er fand seine großartige Bestätigung, als außer einigen Schädelfragmenten, Unterkieferresten und Zähnen schließlich am 2. Dezember 1929 von Pei der erste vollständig erhaltene Hirnschädel geborgen werden konnte. Bis zum Ende der Grabungen im Jahre 1939, das Black nicht mehr miterlebte, da er fünf Jahre zuvor einem Herzschlag erlag, wurden Teile von insgesamt 14 Schädeln – darunter 5 fast vollständig erhaltene Hirnschädel –, 14 Unterkiefer, über 150 Zähne und mehrere Rumpf- und Gliedmaßenknochen aus der Höhle ergraben. Der Nachfolger Blacks, der deutsche Anthropologe Franz Weidenreich, der nach 1935 in die Vereinigten Staaten emigrierte, untersuchte sie wissenschaftlich, fotografierte und zeichnete sie, formte sie ab und verfaßte Veröffentlichungen. Seine und Blacks Untersuchungen konnten nachweisen, daß der Sinanthropus zwar ein urtümlicher, aber doch ein echter Mensch gewesen ist. Er lebte in einer savannenartigen Landschaft, wohnte in Höhlen, kannte bereits das Feuer, wie Holzkohleschichten aussagen, erjagte Tiere und lebte in einer größeren Gemeinschaft. Nicht nur sein

40 km südlich von Peking liegt das Kalksteinmassiv des Drachenberges mit der Einsturzhöhle, die die bisher reichsten Urmenschenfunde barg: Choukoutien.

relativ umfangreicher Hirnraum und diese Spuren seines Lebens und Tuns, sondern dazu noch die Tatsache, daß die zahlreichen Skeletteile wahrscheinlich auf einen einfachen Kult hinweisen, zeugen von einer regen menschlich-geistigen Tätigkeit. Er wurde als Zeitgenosse des Pithecanthropus von Java und des Heidelberger Urmenschen erkannt. Für diese wurden die morphologisch auch ähnlichen Funde von Choukoutien eine schöne Bestätigung, und kaum konnten seit diesen Funden, die ein Jahrzehnt hindurch Schlagzeilen verursachten, noch ernsthaft Zweifel an ihrer Stellung und an der natürlichen Abstammung des Menschen von einfachen Vorformen angemeldet werden. Es handelt sich hier um historische Tatsachen, denen sich auf Grund ihrer Eindeutigkeit keiner mehr verschließen kann!

Die Grabungen von Choukoutien standen im Schatten von

G. H. Ralph von Koenigswald

Adolf Spengler

politischen Unruhen: Auch ihr Ende wurde durch solche verursacht. Die Japaner besetzten den Ort; und zwei Jahre später, im Dezember 1941, gingen alle Funde spurlos in den Wirren des Krieges verloren. Nach einer halben Million von Jahren erlebte Sinanthropus nur ein Jahrzehnt seiner Auferstehung, um dann offenbar für immer zu verschwinden.

Es genügen nicht allein die Kenntnisse geologischer und paläontologischer Verhältnisse, ein spezielles anatomisches Wissen und naturwissenschaftliches Kombinationsvermögen, angesichts der Seltenheit von menschlichen Fossilien spielt auch eine gehörige Portion Glück mit, um schließlich den großen Erfolg zu erleben. Das beweist z. B. eine nach Dubois' Untersuchungen auf Java durchgeführte Expedition, die ohne Ergebnis verlief. Später arrangierte einer der Geologen, die auf Java beschäftigt waren, eine Grabung auf einer Flußterrasse bei Ngandong, 10 km von Trinil entfernt. Er fand dort keine Urmenschen, sondern «nur» Schädel eines späten Altjavaners – des Ngandongmenschen. Als Grabungsteilnehmer arbeitete der junge, hochbegabte Paläontologe G. H. Ralph von Koenigswald. Begeistert von der Möglichkeit, Urmenschen zu entdecken, und fasziniert von der fossilienreichen Fundlandschaft und ihrer abwechslungsreichen Geologie, besorgte er sich Geld über die Carnegie-Stiftung, organisierte neue Ausgrabungen und Aufsammlungen in Mitteljava und meldete bereits 1937 den ersten Erfolg: Seine Sammler hatten bei Sangiran einen Pithecanthropusschädel gefunden! Bis 1941 kamen weitere Funde von Sangiran und einer zweiten Fundstelle, Modjokerto, hinzu. Nur einige davon stimmen in ihrem Alter mit dem Horizont des Pithecanthropus von Trinil und des Sinanthropus überein. Unter ihnen befinden sich noch weit ältere Urmenschenformen.

Die Ereignisse des zweiten Weltkrieges bereiteten auch auf Java den Forschungen ein jähes Ende. Fast hätte diese Funde ein ähnliches Schicksal ereilt wie den Sinanthropus. Erst nach dem Krieg setzten von indonesischer Seite wieder Forschungen in Mitteljava ein. In den Jahren 1963 bis 1969 gelangen bei Sangiran drei neue Hirnschädelfunde, von denen der jüngste zugleich auch der vollständigste Schädel eines Pithecanthropus auf Java ist. Auch in Choukoutien wurde nach dem Kriege weitergegraben, jedoch mit wenig Erfolg. Statt dessen tauchten 1963 bis 1969 im Bezirk Lantien der Provinz Shensi (Mittelchina) zwei neue Fundstellen mit wohl etwas älteren Resten des Pithecanthropus auf.

Backenzahn des Bilzingslebener Urmenschen. Zur Zeit der großen Entdeckungen bei Choukoutien von A. Spengler gefunden, heute verschollen

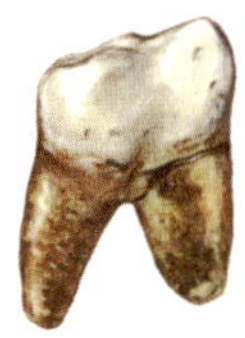

Blick von der Hainleite nach Süden in das Thüringer Becken über Wippertal, Bilzingsleben und Fundstellengebiet hinweg

Gerade in den Jahren, als die großen Entdeckungen in Choukoutien Schlagzeilen machten und einen Zweifel nach dem anderen an der natürlichen Evolution des Menschen abbauten, als dadurch zahlreiche an der Urgeschichte des Menschen interessierte Archäologen und Paläontologen angeregt wurden und viel aufmerksamer ihre Fundstellen und Fossillager betrachteten, gerade zu dieser Zeit wurde im Bilzingslebener Travertin ein Fund gemacht, der in seiner Bedeutung völlig unbeachtet, ja eigentlich fast unbekannt blieb und deshalb keine Anregungen zu weiteren Untersuchungen gab. Adolf Spengler, Tischlermeister und interessierter Heimatforscher, sammelte Jahre hindurch in den Steinbrüchen bei Bilzingsleben kleine Feuersteingeräte, zerschlagene Knochen und Zähne von Elefanten, Nashörnern und Bären, bis er den sicherlich lange erträumten Fund, einen Rest des Urmen-

schen, aufgeregt in den Händen hielt! Es war ein robuster, altertümlicher Backenzahn, am Ende der zwanziger Jahre erst der vierte derart alte Urmenschenfund! Zur gleichen Zeit reiste Davidson Black mit einem Zahn, der nicht anders aussah, nicht sehr viel älter war und in ähnlichen Fundverhältnissen ans Tageslicht kam, als dem «wichtigsten Zahn der Welt» um die Erde, um mit diesem Fund die interessierte Fachwelt zu alarmieren und auf Choukoutien aufmerksam zu machen! Für diesen Zahn hatte er eigens eine goldene Kapsel anfertigen lassen, um ihn ständig bei sich tragen zu können! Und welche Folgen der Fund eines einzelnen Backenzahnes haben konnte, ergaben die Ausgrabungen, die danach in der Einsturzhöhle von Choukoutien durchgeführt wurden. Schon damals war durch die geologischen Untersuchungen von Ewald Wüst und einigen anderen Geologen die frühe

Typische Landschaft einer dem Atlasgebirge vorgelagerten Hochebene nahe der Fundstelle von Ternifine in Nordalgerien

Ein Blick in die Schlucht des Urmenschen: Oldoway (Ostafrika), ein Pilgerort der Forschung

Zeitstellung von Bilzingsleben bekannt! Die bis dahin von Wüst und Spengler gefundenen Feuersteingeräte konnten nicht angezweifelt werden. Welche Überraschungen ein thüringischer Travertin aus dem Eiszeitalter bergen kann, das zeigten zur gleichen Zeit die Steinbruchfunde im zwar wesentlich jüngeren, doch immerhin eiszeitlichen Travertin von Ehringsdorf bei Weimar!

So wurde der Fund vom Zahn des – wie wir heute wissen – Pithecanthropus von Bilzingsleben lediglich in einer laienhaft abgefaßten, aber von der Begeisterung des Finders getragenen Meldung in einer unbekannten Lokalzeitung einer Kleinstadt im Harzvorland der Öffentlichkeit mitgeteilt. Er wanderte in das Heimatmuseum der gleichen Stadt, wurde mehr und mehr vergessen und ist schließlich heute verschollen.

Es erscheint unglaublich, daß die Fachleute damals kaum Notiz von diesem Fund nahmen, denn nichts ist daraufhin geschehen. Der Zahn erlebte nie eine genaue morphologische Untersuchung. Lediglich einige Geologen stritten sich um die Zeitstellung des Travertins, die schließlich nach einem nicht einmal wenige Stunden dauernden Geländeaufenthalt eines prominenten Eiszeitforschers als sehr jung festgelegt und so in der Forschung bis zur heutigen Zeit verankert blieb. Wie der Zahn, so versank auch die Kenntnis der Fundstelle im Aktenstaub der Museen und in der Erinnerung der vergangenen Generation. Gerade dieser Fall Bilzingsleben vor 40 Jahren läßt uns ahnen, an wie vielen verborgenen Funden nicht nur Glück und Zufall vorübergingen, sondern gerade blindes, viel bequemeres Nichterkennenwollen, der mangelhafte Wille zu strapazenreicher Geländearbeit oder auch

Louis S. B. Leakey

pessimistische Einstellungen das Tor zum Finderglück verriegelten und verhinderten, diese Funde dem Dunkel der Geschichte zu entreißen!

Die Fundstelle bei Bilzingsleben hätte schon damals die Voraussetzungen gehabt, ein zweites Choukoutien zu werden!

Erst nach den chinesischen und javanischen Funden entdeckte man ziemlich spät in Afrika den ersten Menschen. Drei robuste Unterkiefer nebst Einzelzähnen und Scheitelbeinfragment fand C. Arambourg bei Ausgrabungen, die er 1954 bis 1956 auf der Ebene Ternifine, 20 km östlich der Stadt Mascara in Nordalgerien, durchführte. Sie befanden sich in Gemeinschaft mit Steingeräten – einfachen Faustkeilen, Geröllgeräten und groben Abschlägen – sowie tierischen Überresten und gehören etwa in den Horizont des frühen Menschen von Choukoutien, Trinil und Steinheim. Ähnlich alt und zugehörig sind Unterkieferfragmente von Sidi Abderrahman in der Nähe Casablancas (Marokko). Wahrscheinlich muß man auch die Reste eines im Steinbruch zersprengten und erst bei Straßenbauarbeiten im Pflastermaterial entdeckten Schädels von Rabat (Marokko) dieser Gruppe zurechnen.

Nicht nur für jene Glücklichen, die die Oldoway-Schlucht in einer überwältigenden Landschaft am Rande der Serengetisteppe angesichts der großen ostafrikanischen Vulkane, des Kilimandscharo, Meru und Ngorongorokraters, besuchten oder gar dort an Ausgrabungen teilnehmen konnten, auch für viele ganz allgemein an der Abstammungsgeschichte des Menschen Interessierte übt der Name dieser Schlucht schon Zauber und Verheißung aus: Oldoway, die Schlucht des Urmenschen! Der Name ist Symbol für die Forschung nach dem ersten Menschen wie nach dem Vormenschen geworden und bildete – ähnlich wie Südafrika – einen Ausgangspunkt für zahlreiche Untersuchungen, die im Gebiet des gesamten ostafrikanischen Grabenbruchs, von Äthiopien bis zum Tanganjikasee, überraschende Funde zutage förderten.

Es war der Geologe Hans Reck, der 1913 während einer größeren Expedition die kurz vorher entdeckte Oldoway-Schlucht besuchte und in fünf verschiedenen Horizonten Reste einer ausgestorbenen eiszeitlichen Tierwelt sammelte. Ein in seiner Altersstellung völlig verkanntes Skelett einer nur einige tausend Jahre alten menschlichen Bestattung sollte den Anlaß geben, dort gezielte urgeschichtliche Untersuchungen vorzunehmen. Ein junger Prähistoriker aus Nairobi, L. S. B. Leakey, organisierte 1931 eine Expedition in die Schlucht. Hans Reck nahm daran teil. Es gelang den beiden, in allen fünf Horizonten paläolithische Steinwerkzeuge aufzufinden. Aber erst Jahre später kamen nach unermüdlichen Forschungsarbeiten Leakeys auch zahlreiche menschliche Reste dazu. Sie gehören menschenähnlichen Formen an, die noch vor dem Pithecanthropus stehen. Ein Fund aus dem zweiten Horizont ist aber diesem verwandt: ein Gehirnschädel, gefunden am 2. 12. 1960. Sehr wahrscheinlich sind auch ein Hüftbein und ein Oberschenkel aus einer oberen Schichtserie einer Pithecanthropus-Form zuzuweisen.

Schon früher gelangten neben Vormenschenresten Schädelstücke einer weiter entwickelten Form aus den südafrikanischen Höhlenablagerungen bei Swartkrans in Forscherhände. Sie gehören offenbar auch einer dem Pithecanthropus verwandten Urmenschenform an, ebenso wie einige der Schädel- und Kieferteile von jüngsten Untersuchungen in Ostafrika, besonders in Äthiopien.

Natürlich wurden auf der Suche nach dem ersten Menschen seit Eugène Dubois nicht nur die Urmenschen vom Typus des Pithecanthropus gefunden. Zahlreiche andere Reste fossiler Menschen – abgesehen vom Neandertaler und dem eiszeitlichen Neumenschen – kamen zum Vorschein. Sie treten z. T. noch mit jüngeren Formen des Pithecanthropus oder doch erst kurz nach diesen auf, wie jene, die in Südwest- und Westeuropa lebten und auf Grund ihrer moderneren Schädelform dem Jetztmenschen, dem Homo sapiens, näherstehen. Wir wollen hier nur die Funde nennen und auf ihre gleichfalls oft genug dramatische Fundgeschichte verzichten: Es sind dies besonders die Schädelfunde aus den Flußschottern von Steinheim an der Murr (1933), nördlich von Stuttgart, und von Swanscombe an der unteren Themse in England (1935 bis 1955) sowie mehrere Höhlenfunde aus Südfrankreich, so ein Unterkieferrest von Montmaurin an der oberen Garonne (1941), ein Scheitelbein aus der Lazaret-Höhle bei Nizza (1964) und schließlich zwei Unterkiefer, ein Gesichtsschädel, Einzelzähne und Scheitelbeinfragmente aus der Arago-Höhle bei Tautavel in den Ostpyrenäen (1964 bis 1971). Die Bedeutung dieser Funde führte nicht zuletzt dazu, als Symbol eines Weltkongresses der Archäologen, der 1976 in Nizza stattfand, den Gesichtsschädel des Menschen von Tautavel zu wählen!

Ein letzter Fund eines fossilen Menschen auf europäischem Boden, ein Hinterhauptsfragment, das aus einer Kulturschicht mit Steingeräten und angebrannten Tierknochen stammt, weist gegenüber diesen Funden noch Merkmale des frühen Menschen auf und ist der Gruppe des Pithecanthropus zuzurechnen. Er galt bisher als einer der spärlichen, allerdings noch unsicheren Hinweise auf die Existenz dieses Urmenschen in Europa. Eine Ausgrabung im Travertin von Vértesszöllös, 50 km westlich von Budapest, ergab 1964 diesen Fund.

In Afrika erhielten ganz andere Funde große Berühmtheit, Funde von Vormenschen und von Übergangsformen, die an der Schwelle vom Vormenschen zum ersten Menschen stehen. Sie stammen aus vulkanischen Aschen und Seeablagerungen der Oldoway-Schlucht, des Awash- und Omo-Tales in Äthiopien, des Gebietes zwischen Turkanasee und Oldoway sowie aus Höhlen- und Karstspaltenfüllungen Südafrikas. Hier wurde 1924 bei Sprengungen im Steinbruch auch der erste dieser Funde freigelegt: der Schädel des Kindes von Taung. Die meisten Entdekkungen fallen aber erst in die jüngst vergangenen Jahrzehnte. Einige dieser Fossilien besitzen ein Alter von 3 bis 5 Millionen Jahren. Andere wieder stehen mit einfachen Steingerätekulturen in Zusammenhang, die erstaunlicherweise weit älter sind, als man bisher glaubte, älter als die bisher den Pithecanthropus-Formen zugerechneten einfachen Geröllgeräte- und Faustkeilkulturen. So muß die Forschung seit den Funden, die Esper in den Höhlen bei Bayreuth und Fuhlrott in der Feldhofer Grotte machten oder die Ausgrabungen auf Java und bei Choukoutien ergaben, die Entstehung des Menschen und seiner Kultur immer weiter in die Tiefen der Geschichte zurückverlegen. Selbst die Funde von Vor- und Frühmenschen nebst ihren Geräten aus Oldoway sind nicht mehr die ältesten. Je mehr Aufklärung wir über den Weg des Menschengeschlechts erhalten, um so abenteuerlicher muß uns dieser Weg erscheinen.

Heute hat die Forschung ein Stadium erreicht, das Jahr für Jahr neue Funde des Urmenschen und seiner Vorläufer erwarten läßt. An vielen Stellen der Erde, vor allem in den genannten Fundgebieten Afrikas und Südostasiens, auch in verschiedenen Gebieten Europas, so in Südfrankreich, werden ständig Ausgrabungen und gezielte Forschungen nach dem fossilen Menschen durchgeführt. Gemessen an den vielen neuen Funden, die allein seit 1960 bekannt geworden sind, erscheint die Entdeckung von Bilzingsleben fast nicht mehr als Krönung einer urgeschichtlichen Forschungsarbeit in Mitteleuropa, sondern als schleunigst nachzuholende Ausnützung einer mehrmals verpaßten Gelegenheit, wenn wir bedenken, daß innerhalb von drei Forschergenerationen zufällige Funde die Nasen der Archäologen förmlich auf die Spur stießen, ohne daß diese verfolgt wurde. Für uns und die Funde konnte das in anderer Hinsicht eigentlich nur recht sein: Heute sind die Grabungsmethoden stark differenziert, erprobt und ausgebaut, ist unser Wissen über die geologischen Vorgänge, die Zeitmessung und die Probleme in der Eiszeitarchäologie so weit gediehen, daß die Bergung und Auswertung der Funde den zur Zeit von der Forschung gestellten hohen Ansprüchen viel besser gerecht werden können.

Ein auch in Zukunft fundträchtiges Gebiet: der Ostafrikanische Graben mit seinen geologisch jungen Sedimenten. Seeablagerungen wechseln mit vulkanischen Tuffen. Hier wurden schon zahlreiche Fossilien vom Vor- und Frühmenschen geborgen. Und weitere warten als sensationelle Überraschungen auf die zukünftigen Forscher. – Das Bild zeigt einen Blick in die Oldoway-Schlucht.

Die Evolution des Menschen

Eine ganze Reihe von Fundstellen und Überresten des Vormenschen, des ersten Menschen und dessen Nachfolgern bis zum Homo sapiens sind bisher bekannt geworden. Zumeist treffen wir sie in Ost- und Südafrika, in Ost- und Südostasien, aber auch in Nordafrika, dem Vorderen Orient und in Europa an. Doch fehlen den letztgenannten Regionen die älteren Funde. Das mag darin begründet sein, daß es dem frühen Menschen zunächst unmöglich war, seine warme, tropisch-subtropische Heimat zu verlassen. Relativ spät gelingt es ihm, zögernd erst die Mittelmeergebiete, dann das südliche Mitteleuropa und schließlich noch höhere Breiten, und diese zunächst auch nur während der wärmeren Klimaperioden, zu erreichen.

Die Bilzingslebener Funde gehören in diese Zeit der Eroberung eines neuen Kontinents durch den frühen Menschen. Aber ein langer Weg mußte bis dahin durchschritten werden. Mit Hilfe der bisher vorliegenden Funde und unserer Kenntnisse über die Mechanismen natürlicher Evolution läßt sich dieser Weg rekonstruieren. Doch wird er nach und nach immer mehr von Gesetzmäßigkeiten der aufkeimenden menschlichen Gesellschaft durchwirkt. Die frühen Menschen Mitteleuropas, so auch von der Steinrinne, repräsentieren jenes Stadium, in dem sich die menschliche Gesellschaft allmählich formierte und in der Auseinandersetzung mit der natürlichen Umwelt stärker weiterentwickelte.

Ein Problem für uns ist es nach wie vor, von diesen Menschen aus ihren spärlichen Skelettüberresten ein Lebensbild zu entwerfen. Ein solches wird immer spekulativ und idealisiert bleiben. Es ist durchaus möglich, daß die späten Vertreter des Homo erectus von der Steinrinne so ausgesehen haben, wie sie der Künstler in seinem Bild darzustellen versucht. – Dies alles gilt natürlich auch für die Rekonstruktion anderer fossiler Formen des Menschen oder des Vormenschen.

Wie müssen wir uns nun angesichts der bereits vorhandenen Funde fossiler Menschenreste, die seit den berühmten Entdekkungen im Neandertal und am Solofluß gemacht wurden, den Ablauf der menschlichen Stammesgeschichte vorstellen? Wieweit können wir schon die zeitlich, biologisch und kulturell bestimmbaren Funde – also die gesicherten Tatsachen – zu einem allgemeinen Bild ausdeuten?

Wir können behaupten, daß der ganz allgemeine Entwicklungsablauf von einfachen menschenaffenartigen Vorfahren über verschiedene, ständig höher organisierte Wesen bis zum heutigen Menschen erkannt ist. Das vorliegende Fundmaterial und die Verwandtschaftsbeziehungen der heute lebenden Menschenaffen und Menschen hinsichtlich ihres Körperbaues und ihres Verhaltens berechtigen dazu.

Im Gegensatz zum Tierreich verlief die menschliche Abstammungsgeschichte nicht nur im biologischen, sondern zunehmend im sozialen und kulturellen Bereich. Mit dem ersten Menschen treten auch allmählich die ersten Spuren und Reste seiner Kultur auf. Sie legen Zeugnis ab für die sich herausbildende menschliche Gesellschaft. Die Urgeschichtsforschung befaßt sich mit diesen Überresten und hat bereits die Anfänge und die frühe Entwicklung der Kultur erhellt.

Viele spezielle Entwicklungsvorgänge und Beziehungen innerhalb der menschlichen Evolution sind allerdings nur teilweise erkannt, werden nur mit hypothetischen Überlegungen erklärt und dürften auf Grund immer bestehender großer Fundlücken wohl auch später nie vollständig erklärbar sein. Solche Lücken bestehen räumlich, zeitlich und sachlich. Die Sachlücken erklären sich aus der Möglichkeit und Fähigkeit des Fundmaterials, erhalten zu bleiben, nämlich den Voraussetzungen, in den Boden zu gelangen, und der Beschaffenheit, um die Zerstörung zu überdauern. Räumliche und zeitliche Lücken sind aus dem örtlichen Vorkommen von Sedimentationsräumen, der zeitlichen Beschränkung der Sedimentation und aus Abtragung und Verwitterung erklärbar.

Die Entwicklung des Menschen

In einem Entfaltungsschema ist der Ablauf der menschlichen Stammesgeschichte nach einer der heute allgemein vertretenen Ansichten dargestellt. Es beginnt mit menschenaffenartigen Vorfahren im Tertiär, den Ramapithecinen, die in Nordindien, Ostafrika, der Türkei und neuerdings auch in Ungarn gefunden wurden. Offenbar entwickelte sich aus ihnen die Gruppe der afrikanischen Australopithecinen, die sich in mehrere vorwiegend nebenherlaufende Linien aufspaltete. Späte Vertreter einer grazilen Form des Australopithecus, die auch als «Homo habilis» bezeichnet werden, können Ausgangspunkt für die ersten Menschen gewesen sein. Diese werden allgemein in der Gruppe des «Homo erectus» zusammengefaßt. Älteste Formen sind etwa 1,5 Mio Jahre alt und stammen aus Ostafrika und Südostasien. Damit weisen sie auf eine sehr frühe kontinentweite Verbreitung in der Alten Welt hin. In Südostasien, Süd- und Ostafrika führte die Entwicklung wahrscheinlich über jungeiszeitliche Formen (Homo erectus soloensis, Homo erectus rhodesiensis) direkt bis zu Sapiens-Formen, z. B. der des Uraustraliers. In Nordafrika, Vorderasien und Europa läßt sich vorläufig eine solche geradlinige Weiterentwicklung nicht feststellen. Sie endete vor etwa 300 000 Jahren. Der Homo erectus von Bilzingsleben ist hier der letzte Vertreter der Gruppe. Statt dessen entstanden Vorläuferformen des Homo sapiens, aus denen sich schließlich der Neandertaler und der Jetztmensch entwickelten.

Die Herausbildung und Entwicklung des Menschen fand vorwiegend in der durch extreme Klimaschwankungen gekennzeichneten jüngsten geologischen Epoche des «Eiszeitalters» statt. Der Wechsel von Warmzeiten (gelb) und Kaltzeiten (schwarz) wird im Diagramm links gezeigt. Als Maßstab dient die Zeitskala.
Um die zahlreichen Schwankungen sowie die höhere Funddichte darstellen zu können, wurde für die letzte Jahrmillion ein anderer Maßstab als davor verwendet.

Warmzeiten: H Holozän, E Eem-Warmzeit (Riß-Würm), Ho Holstein-Warmzeit (Mindel-Riß), C Cromer-Warmzeit (Günz-Mindel), Wa Waal-Warmzeit (Donau-Günz), T Tegelen-Warmzeit (Biber-Donau). Kaltzeiten: W Weichsel-Kaltzeit (Würm), S Saale-Kaltzeit (Riß), El Elster-Kaltzeit (Mindel), M Menap-Kaltzeit (Günz), Eb Eburon-Kaltzeit (Donau), P Prätegelen-Kaltzeit (Biber). – Gliederung des nordeuropäischen Vereisungsgebietes (des alpinen Vereisungsgebietes).

Auswahl wichtiger Funde von Vormenschen und fossilen Menschen: 2 Lothagam (Oaf), 2 Kanapoi (Oaf), 3 Omo (Oaf), 4 Baringo-See (Oaf), 5 Makapansgat (Saf), 6 Sterkfontein (Saf), 7 Omo, 8 Ileret (Oaf), 9 Oldoway (Oaf), 10 Kromdraai (Saf), 11 Oldoway, 12 Swartkrans (Saf), 13 Peninj (Oaf), 14 Baringo, 15 Oldoway (Fund Nr. 13), 16 Koobi Fora Nr. 1470 (Oaf), 17 Modjokerto (Oj), 18 Oldoway (7, 24), 19 Koobi Fora, 20 Swartkrans, 21 Oldoway (Nr. 9 aus Bed II), 22 Sangiran (Mj), 23 Putjung (Mj), 24 Trinil (Mj), 25 Kedung Brubus (Mj), 26 Lantien (VR China), 27 Oldoway (Funde aus Bed IV), 28 Ndutu-See (Oaf), 29 Choukoutien (VR China), 30 Mauer bei Heidelberg (BRD), 31 Ternifine (Naf), 32 Vértesszöllös (Ungar. VR), 33 Petralona (Griechenland), 34 Bilzingsleben (DDR), 35 Broken Hill (Oaf), 36 Saldanha (Saf), 37 Ngandong (Oj), 38 Kow Swamp (Saustr.), 39 Krapina (Jugoslawien), 40 Gánovce (ČSSR), 41 Ehringsdorf (DDR), 42 Steinheim (BRD), 43 Swanscombe (England), 44 Tautavel, Arago-Höhle (Sfr), 45 Montmaurin (Fr), 46 Nizza (Sfr), 47 Fontéchevade (Fr), 48 Quinzano (Italien), 49 Omo, 50 Mugharet es Skhul (Israel), 51 Jebel Kafzeh (Israel). – O Ost-, S Süd-, N Nord-, M Mittel-, Af Afrika, j Java, Fr Frankreich, austr Australien

Ramapithecine: gelb. Australopithecine: grün. Hominine: blau

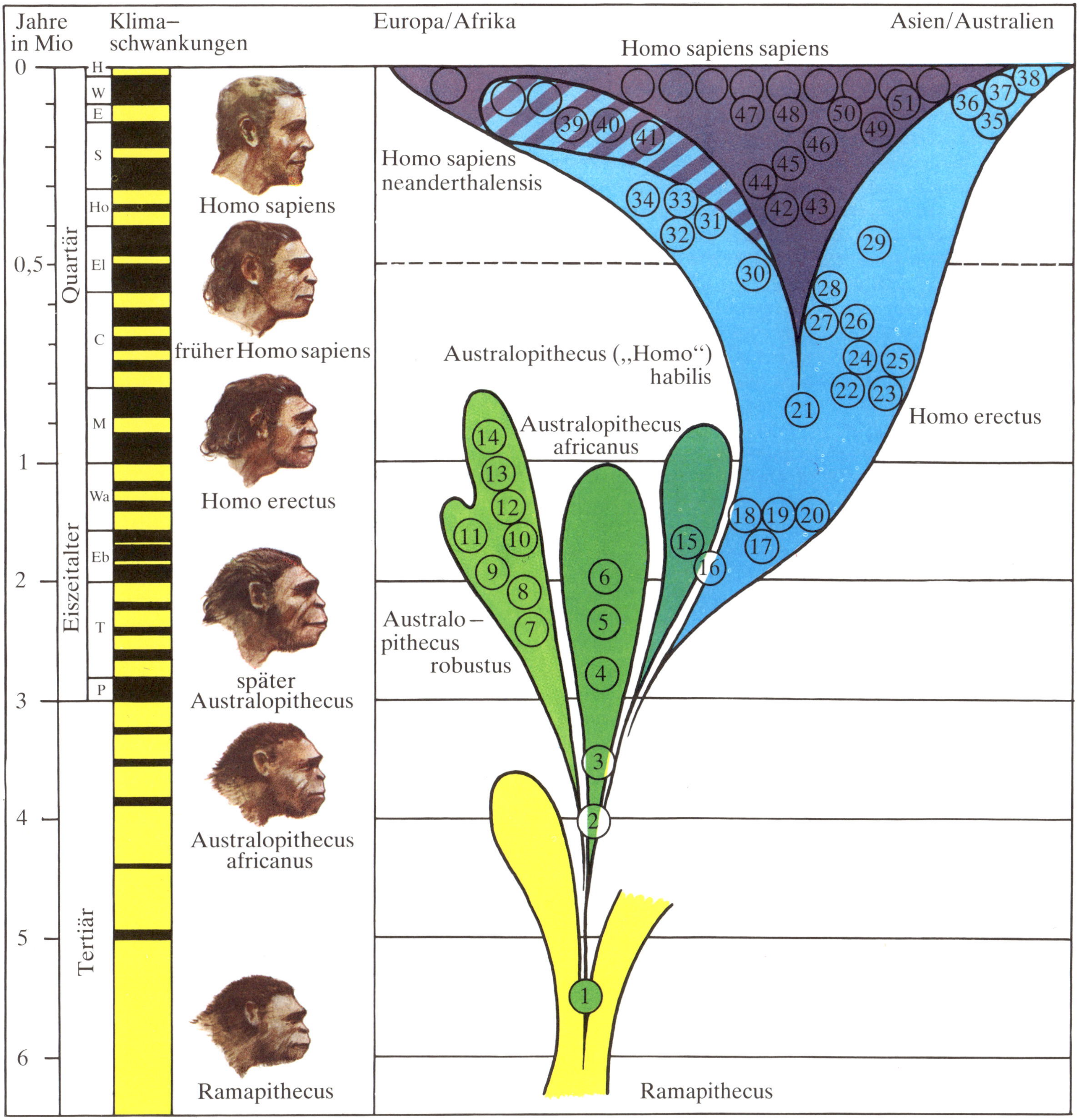

Jahre in Mio
Klima–schwankungen
Europa/Afrika
Asien/Australien
Homo sapiens sapiens
0
0,5
1
2
3
4
5
6
H
W
E
S
Ho
El
C
M
Wa
Eb
T
P
Quartär
Eiszeitalter
Tertiär
Homo sapiens
früher Homo sapiens
Homo erectus
später Australopithecus
Australopithecus africanus
Ramapithecus
Homo sapiens neanderthalensis
Australopithecus („Homo") habilis
Australopithecus africanus
Australo–pithecus robustus
Homo erectus
Ramapithecus

Um die Stellung unserer Funde von Bilzingsleben innerhalb der großen Gruppe der ersten Menschen und weiter im gesamten Entwicklungsablauf der menschlichen Stammesgeschichte aufzuzeigen, ist es notwendig, den erlebnisreichen Weg der Forschungsgeschichte zu verlassen und den heute bekannten Ablauf der menschlichen Evolution in groben Zügen darzustellen. Wir wollen dabei nicht bis zu den Jahrmillionen tiefen Stufen der Tertiärepoche hinabsteigen und die Entwicklung bis zu den Menschenaffen und ersten Menschenartigen verfolgen, sondern mit Formen beginnen, die gegen Ende des Tertiärs entstanden sind und vor etwa 3 bis 5 Millionen Jahren in Süd- und Ostafrika auftauchten. Sie werden als Vorformen des Menschen oder wenigstens als solche Wesen betrachtet, die den direkten Vorläufern des Menschen nahestehen. Sie können allgemein als Vormenschen bezeichnet werden. Zwischen ihnen und den ersten Menschen stehen Übergangsformen, die erst vor nicht allzu langer Zeit entdeckt worden sind. Heute wird noch gestritten, ob man diesen schon die Gattungsbezeichung Homo (= Mensch) zugestehen soll oder nicht. Den großen, durch Pithecanthropus, Sinanthropus, den Heidelberger und einige afrikanische Funde charakterisierten Kreis der ersten Menschen wollen wir als den Formenkreis des Urmenschen schlechthin verstehen und diesem in Anlehnung an den ersten Fund von Trinil auf Java die Bezeichnung «Homo erectus» geben, also von der eigentlich irreführenden Bezeichnung «Pithecanthropus = Affenmensch» abgehen. Alle jüngeren Formen nach dem Homo erectus vermitteln zu dem zweiten großen Kreis, der heute noch existiert, dem des Homo sapiens. Zu ihm gehören sogenannte Präneandertaler- und Präsapiensformen, der Neandertaler, eiszeitliche Sapiensformen und der Jetztmensch. Vormenschen und Menschen werden in der Familie der Menschenartigen, der Hominiden, zusammengefaßt.

Die Vormenschen

Zu den Vormenschen gehört vor allem die große Gruppe der Australopithecinen (Australopithecus bedeutet Südaffe). Das erste Fossil dieser Gruppe war der Schädel des Kindes von Taung. Es handelt sich um vormenschliche Hominiden, die menschenäffische mit menschlichen Merkmalen vereinigen. Nach dem Skelettbau zu urteilen, liefen sie zweifüßig und aufrecht, in bezug auf das Hirnvolumen, ein Maßstab in der Evolution des Menschengeschlechts, hatten sie sich schon relativ weit von ihren menschenaffenartigen Vorfahren fortentwickelt. Der Schädel ist durch einen großen Gesichtsanteil charakterisiert, er zeigt deshalb noch Ähnlichkeit mit dem Schädel eines Schimpansen. Aber es treten bereits menschliche Züge auf, so im Gebiß, wie parabolischer statt U-förmiger Zahnbogen, kleines Vordergebiß und kleine Eckzähne. Die schnauzenförmig vorspringende Mundpartie ist schon etwas reduziert, die Überaugenbögen sind meistens nur mäßig ausgebildet. Das Gliedmaßen- und Rumpfskelett wirkt weitgehend menschlich. So besaßen die Australopithecinen Becken mit kurzen, breiten, gewölbten Darmbeinen und breiten Verbindungsflächen zum Kreuzbein, Oberschenkel mit typisch menschlich geformten Gelenken, das voll ausgebildete Standfußskelett – alles mit dem aufrechten Gang kombinierte Veränderungen. Durch diesen wie auch durch die Vergrößerung der Schädelkapsel ist das Hinterhauptsloch weiter nach vorn verlagert. Das betrifft auch die Gelenkflächen der Schädelbasis mit der Wirbelsäule. Australopithecus hat demnach seinen Kopf schon fast senkrecht getragen.

Der Schädelinnenraum, also das Hirnvolumen, betrug etwa 500 cm^3, bei Schwankungen von 390 bis 760 cm^3. Bezogen auf die Körpergröße und ein Körpergewicht von etwa 35 bis 50 kg, war das Gehirn relativ groß.

Australopithecus africanus

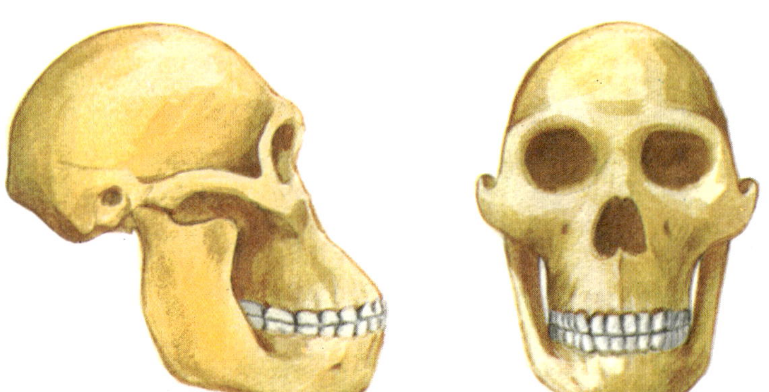

Australopithecus robustus

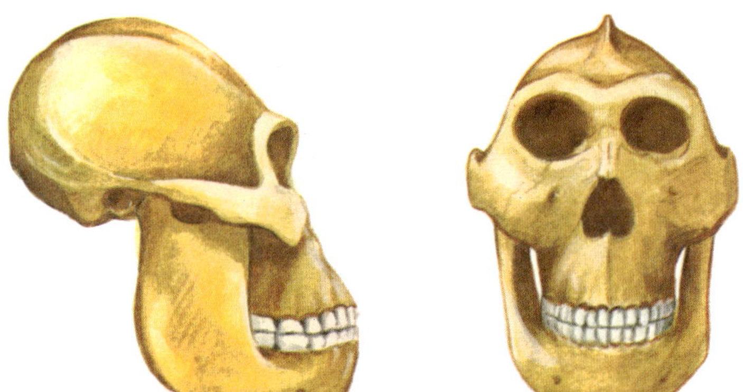

Die Gruppe der Australopithecinen zeigt eine größere Variabilität. Wir unterscheiden zwei Typen: einen grazilen und einen robusten Typ.

Der grazile Typ – auch als Australopithecus africanus bezeichnet – tritt besonders in Südafrika an den Fundstellen südöstlich der Kalahari-Wüste auf (Taung, Sterkfontein, Makapansgat), wurde aber neuerdings auch in Ostafrika festgestellt, wo er von noch grazileren Formen schwerer getrennt werden kann. Hier stellte man die bisher ältesten Australopithecusfunde – offenbar vom grazilen Typ – in Schichten fest, die mit Hilfe radioaktiver Isotope in vulkanischen Gesteinen auf ein Alter von 5 Millionen Jahren datiert werden. Die grazilen Formen werden gelegentlich mit Tierknochen und eingeschlagenen Pavianschädeln gefunden – so in den etwa 2 Millionen Jahre alten Fundschichten südafrikanischer Höhlen. Wahrscheinlich hat Australopithecus africanus schon gelegentlich gejagt und Fleischnahrung zu sich genommen.

Der robustere Typ – Australopithecus robustus – unterscheidet sich von den grazilen durch sein massiges, wohl an harte Pflanzen- und Körnerkost angepaßtes Gebiß mit kleinen Schneide- und Eckzähnen und sehr hohen Unterkieferästen. Gebiß und Nahrungsweise bedingten die Ausbildung starker Kaumuskeln, wie extrem ausladende Jochbögen und ein Scheitelkamm für den Muskelansatz auf dem Schädel erkennen lassen. Alle bisher bekannten Funde setzen später ein als die von Australopithecus africanus und liegen etwa zwischen 0,7 und 2 Millionen Jahren vor heute. Funde stammen wieder aus Südafrika (Swartkrans, Kromdraai) und Ostafrika, hier vor allem mit einer extrem robusten Form (Oldoway, Peninj am Natronsee, Chesowanja am Baringo-See, Omo-Tal und Koobi-Fora in der Nähe des Turkanasees).

Ein dritter Typ geht aus dem frühen Australopithecus africanus hervor: Es sind die noch grazileren Australopithecinen Ostafrikas. Man fand sie in 1 bis 2,6 Millionen Jahre alten Ablagerungen der Oldoway-Schlucht und der Umgebung des Turkanasees (Omo-Tal, Koobi-Fora). Da sie in Verbindung mit einfachen Geröllgeräten auftreten, müssen sie als die ersten Hominiden angesehen werden, die Werkzeuge herstellten.

Derartige einfache Steingeräte – Haumesser und abgeschlagene Splitter – wurden nördlich des Turkanasees im Omo-Tal und östlich des Sees bei Koobi-Fora in Schichten gefunden, die bis 2,6 Millionen Jahre alt sein sollen. Mit ihnen liegen die bisher ältesten Steinwerkzeuge der Welt vor. In den untersten Horizonten der Oldoway-Schlucht wurden Australopithecinen mit etwas weiter entwickelten Geröllgeräten gefunden. Sie sind etwa 1,0 bis 1,8 Millionen Jahre alt und bilden wahrscheinlich die Grundlage für die ersten einfachen Faustkeilkulturen.

Auf Grund ihrer Schädelform gehören die grazileren Typen noch in die Australopithecus-Gruppe; sie weisen allerdings am Skelett und Schädel einige weitere Veränderungen auf, die sie dem Menschen bereits näher bringen. Das veranlaßt, diese Wesen schon als Menschen anzusprechen und «Homo habilis» (der «befähigte Mensch») zu nennen.

Ihr Gehirnvolumen liegt mit durchschnittlich 625 cm^3 über dem der übrigen Australopithecinen. Das Gesicht ist schon steiler, das Hinterhaupt abgerundet, das Gebiß weiter spezifisch menschlich ausgebildet.

Die Australopithecinen sind Hominiden, die bereits eine wesentliche Eigenschaft auf dem Wege zur Menschwerdung besaßen: die aufrechte Fortbewegung und damit zusammenhängende anatomische Veränderungen am Skelett. Man führt sie im allgemeinen auf menschenaffenartige Wesen zurück, die vor mindestens 10 Millionen Jahren lebten und die aus Ablagerungen Nordindiens, der Türkei, Ostafrikas und Ungarns bekannt

Australopithecus («Homo») habilis, Oldoway

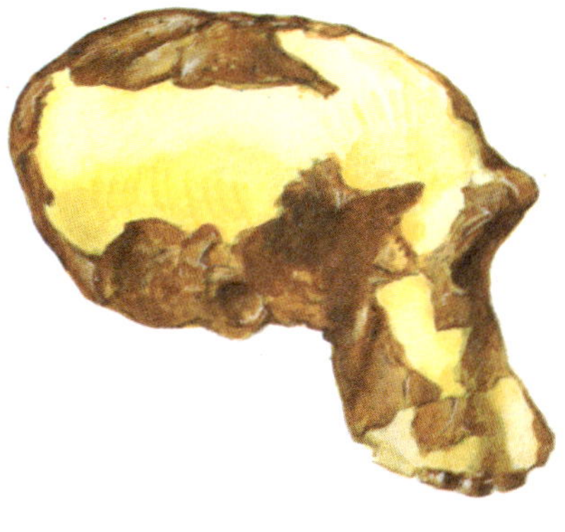

Primitive Geröllgeräte des Australopithecus, Oldoway, etwa zwei Drittel der natürlichen Größe

wurden – auf die Ramapithecinen. Diese waren offenbar schon zum aufrechten Gehen und besser zur gelegentlichen Nahrungssuche auf dem Boden befähigt. In Jahrmillionen währenden Erbänderungen und Auslesevorgängen erwarben ihre Nachfahren allmählich Bipedie («Zweifüßigkeit») und damit verbundenen spezifischen Körperbau. Ihnen wurde die Anpassung an einen neuen Lebensraum, die offene Landschaft, wie Savannen, Steppen und Baumsteppen, endgültig möglich. Das stereoskopische Sehen und die zu Manipulationen frei werdenden Hände waren von Vorteil. Das spielte, verbunden mit dem aufrechten Gehen und der Möglichkeit zu rennen, eine große Rolle beim rechtzeitigen Erkennen von Gefahren, beim Vertreiben von Raubtieren oder fluchtartigen Zurückziehen vor Angreifern wie auch beim Erkennen, Erjagen, Ergreifen und Zerlegen von Nahrung. Der aufrechte Gang zwang zum Präsentieren der gesamten Vorderfront der einzelnen Individuen zueinander. Dadurch wurden der Abbau alter und das Entstehen neuer Verhaltensregeln notwendig. Bei den Affen bedeuten eine solche Haltung und das Einander-in-die-Augen-Blicken Bedrohung, beim Australopithecus mußte sie im Gegenteil schon eine neue Bedeutung bekommen haben, mußte Ursache für engere soziale Beziehungen und für beginnende menschliche Kommunikation (Verständigung) mit Hilfe von Gestik, einfacher Lautäußerung und der Augen geworden sein.

Von der natürlichen Auslese wurden jene Australopithecinen begünstigt, die vom Werkzeuggebrauch zur gelegentlichen Werkzeugherstellung fanden, da sie durch das Benutzen von zugespitzten oder zugeschärften Werkzeugen sowohl beim Zerteilen der Nahrung als auch beim Nahrungserwerb auf der allmählich entstehenden Jagd bevorteilt waren. Es entstanden nach unzähligen Generationen Gemeinschaften, die ständig Werkzeuge herstellten und benutzten. Mit der Verfeinerung der aufrechten zweifüßigen Fortbewegungsmethode, der weiteren Durchbildung des Handskelettes, dem Erwerb von Fingerfertigkeiten, dem Erschließen neuer Nahrungsquellen, beispielsweise durch die Jagd, und die Notwendigkeit, Erlerntes weiterzugeben und innerhalb einer kleinen sozialen Gemeinschaft mit engen Beziehungen zu leben, war die Entwicklung des Gehirns verbunden. Die ständige Spezialisierung des Gehirns wirkte anregend auf die weitere Ausbildung von Fertigkeiten und Lebensgewohnheiten zurück, die wiederum eine bessere Anpassung von Konstitutionsveränderungen ermöglichten. Ganz allmählich setzten sich immer mehr bewußte Handlungsweisen und Erkenntnisprozesse durch, die den Grundstein zu einer neuen Umwelt legten, zur gesellschaftlichen Umwelt oder der menschlichen Kultur im weitesten Sinne, die später den Menschen immer unabhängiger von den verschiedensten natürlichen Umweltbedingungen machen sollte. Bei dem ganzen komplizierten, durch Wechselwirkungen gekennzeichneten Entwicklungsprozeß – eine Eigenschaft regte die andere zur Entwicklung an, und jede wirkte positiv auf die andere zurück – entstanden schließlich in Ostafrika vor etwa 1,5 Millionen Jahren Wesen, die als Übergangsformen zum ersten Menschen angesehen werden. Nach diesen fanden nur noch spezielle – nicht mehr grundlegende – anatomische Veränderungen am Skelett statt; die weitere Evolution vom ersten Menschen bis zum heutigen Homo sapiens wurde wesentlich auf das Gehirn und eine immer mehr gesellschaftlich bestimmte Lebensform verlagert.

Der Homo erectus

Zur Zeit der Werkzeuge herstellenden Australopithecinen, vor etwa 1,5 bis 2 Millionen Jahren, traten in Afrika überraschend Hominiden auf, die schon größere Ähnlichkeit mit den ersten Menschen besitzen. Das bedeutet, daß auch der «Homo habilis» kaum noch als direkter Vorfahre des Menschen in Frage kommt, sondern sich wie schon der Australopithecus africanus und Australopithecus robustus von der gemeinsamen Hominiden-

Verbreitung der Fundorte von Homo erectus: 1 Oldoway, 2 Ndutu-See, 3 Koobi Fora, 4 Sidi-Abderrahman, 5 Rabat, 6 Ternifine, 7 Ubeidiya, 8 Petralona, 9 Vértesszöllös, 10 Mauer, 11 Bilzingsleben, 12 Lantien, 13 Choukoutien, 14 Trinil, 15 Sangiran, 16 Modjokerto

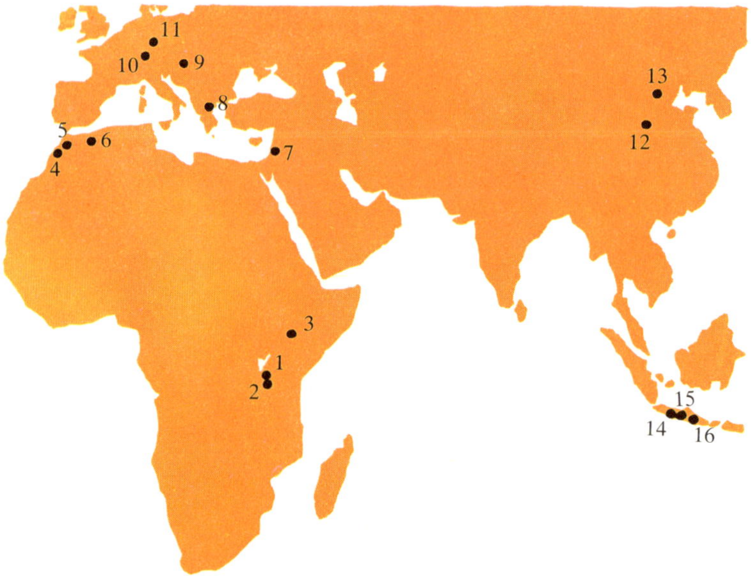

Linie gelöst und in einer selbständigen Richtung weiterentwickelt hat. Das plötzliche Erscheinen dieser neuen Formen verdeutlicht noch mehr die Aufspaltung der zunächst einheitlichen Australopithecus-Gruppe. Je nach Evolutionsvorteil und Selektionsdruck «versuchten» einige dieser Gruppen die Entwicklung zum ersten Menschen. Denkbar ist folgender Vorgang: Aus einer Australopithecus-africanus-Population entwickelte sich allmählich der grazilere Habilis-Typ, eine Gruppe dieses Typs wiederum brachte dem Menschen noch näherstehende Formen hervor. Und sie erst führten zum Homo erectus. Die Africanus- und die Habilis-Linie verliefen jeweils in ihren Richtungen weiter, genauso die schon früh abgespaltene Linie des Robustus-Typs, die allerdings in ihrem Entwicklungstrend weit hinter den anderen zurückblieb und vom Hominidenstamm wegführte. Offensichtlich endete sie durch Spezialisierung auf eine bestimmte Form der Pflanzenernährung in einer Sackgasse.

Die Funde, die so aus dem Australopithecus-Rahmen fallen, wurden z. T. erst in den letzten vergangenen Jahren entdeckt. Ein Unterkiefer war schon seit 1949 aus der Fundstelle von Swartkrans bekannt. Zu ihm gesellte sich noch ein Gesichtsschädel mit Oberkiefer, der aus dem damals geborgenen Knochenmaterial noch herausgesucht werden konnte. Der Schädelrest unterscheidet sich von den Australopithecinen durch einen starken, kräftig ausgebildeten Überaugenwulst, vortretende Nasenbeine, kürzeren und zugleich kleineren Unterkiefer. Einige Funde aus dem zweiten Horizont (Bed II) der Oldoway-Schlucht haben weniger australopithecine als menschliche Merkmale, zum Beispiel Schädelfragmente und Kieferrest eines Jugendlichen und ein Hirnschädel, der große Ähnlichkeit mit dem älteren Pithecanthropus-Typ von Java, dem Homo erectus modjokertensis, hat. Gern wird in diese Gruppe ein Hirnschädel gestellt, der 1972 von R. Leakey bei Koobi Fora gefunden wurde («Nr. 1470»). Zunächst galt er als 2,6 Millionen Jahre alt, heute soll er wesentlich jünger sein. Er zeigt progressive Merkmale, wie weniger flaches Gesicht, stärker reduzierte Prognathie – das bedeutet nicht mehr so auffallend vorspringende, schnauzenartige Mundpartie – und höheres Hirnvolumen als bei den Australopithecinen, nämlich etwa 800 cm^3.

Alle diese Funde stehen in der Nähe der Wurzel der Homo-erectus-Gruppe. Wir können aber nicht sicher sagen, ob Ostafrika – wie es nach den Funden bisher scheint – wirklich das Ausgangsgebiet dieser ersten Menschen gewesen ist. Von Äthiopien bis Südafrika, in den jungen Senkungsgebieten der großen ostafrikanischen Grabenbruchzone, sind in mächtigen Serien geologisch junge fossilreiche Sedimente entstanden und aufgeschlossen. Hier befanden sich am Ende der Tertiärzeit, während des Pliozäns, ausgedehnte Savannen und Waldsteppen mit tropisch-subtropischen Klimaverhältnissen, große Seeniederungen und Flußtäler, also Landschaftsverhältnisse, die Vormenschen wie erste Menschen immer angelockt haben müssen. Aber seitdem einige Funde des ersten Menschen auf der Insel Java mit Hilfe radiometrischer Datierungsverfahren bereits in die gleiche Zeitspanne zurückreichen, ist die Frage nach dem Ursprungsort der Menschheitsentwicklung in der Alten Welt wieder unsicher geworden. Auch in Mitteljava liegen Seeablagerungen zwischen vulkanischen Tuffen, herrschten ähnlich günstige Savannenverhältnisse, und in den weiten, noch wenig erforschten Räumen des ostasiatischen Festlandes oder Vorderasiens lassen sich ähnliche Funde erwarten.

Wir können nach den bekannten Voraussetzungen, die allgemein die Evolution bedingen, nicht annehmen, daß der Mensch zugleich an verschiedenen Stellen unabhängig voneinander entstand. Seine Entstehung ist ein einmaliger Vorgang im Verbreitungsareal irgendeiner Vormenschengruppe gewesen. Gleich, ob das Ostafrika oder Ostasien war, in jedem Falle müssen wir uns mit der Tatsache abfinden, daß verschiedene alte Formen des Vor- und Urmenschen in weit voneinander entfernten Gebieten der Kontinente vorkommen und demnach Wanderungs- und Ausbreitungvorgänge stattgefunden haben müssen, die jeweils schwer erklärt werden können. Eigentlich gelangten die ersten Menschen auf andere Kontinente oder Inselgruppen, wie eben die Sundainseln, nur während eiszeitlicher Vereisungsphasen. Durch die Kontinentalvereisungen wurden riesige Wassermengen als Eis auf den Festländern gebunden. Infolgedessen sank der Ozeanspiegel um mindestens 80 bis 100 m, und Landbrücken entstanden.

Spätestens um die Jahrmillionenwende erschien der typische Homo erectus. Seine jüngsten Vertreter sind im Gegensatz zu einigen derart alten Formen sehr jung: Sie lebten vor etwa 300 000 bis 400 000 Jahren. So hat Homo erectus eine eigene Evolution von etwa einer Million Jahren durchschritten. Während dieser Zeit breitete er sich über die Alte Welt aus, zunächst über die offenen Landschaften der tropischen und subtropischen Klimagürtel, erst sehr spät auch in das nördlicher liegende, kühlere Klimagebiet. Welche Voraussetzungen dazu nötig waren, werden wir bei unserer Begegnung mit dem Urmenschen von Bilzingsleben festzustellen versuchen. Denn dieser ist einer jener späten Vertreter der Erectus-Gruppe, der das kühlere, gemäßigte Klimagebiet erreichte und sich dort erfolgreich behauptet hat.

Bevor wir aber auf die einzelnen geographischen wie zeitlichen Gruppen des Homo erectus eingehen, wollen wir etwas über seinen Schädel- und Skelettbau erfahren.

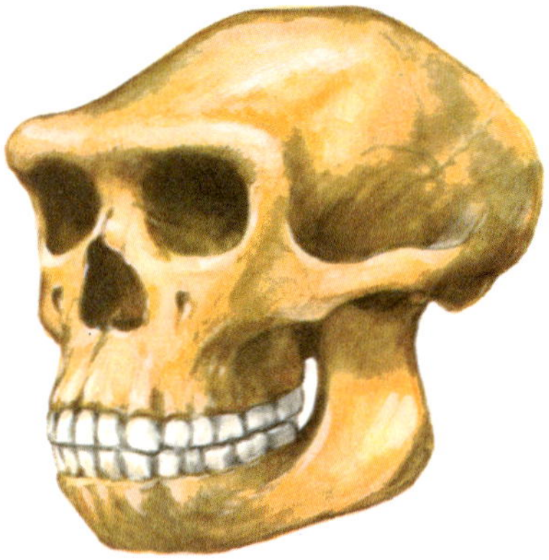

Pithecanthropus, Rekonstruktion von Weidenreich

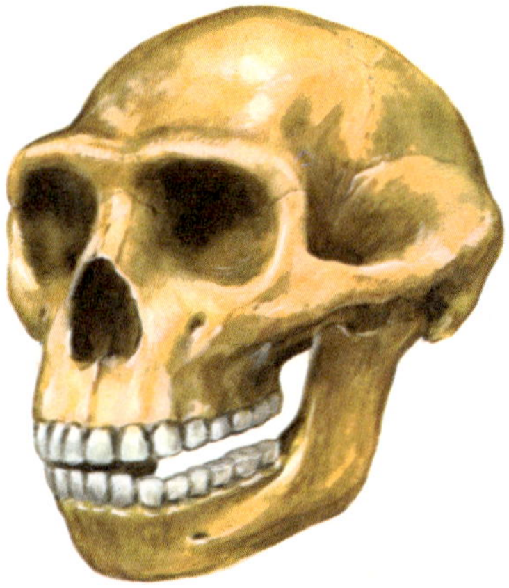

Pithecanthropus, Rekonstruktion von Weinert

Sein Rumpf- und Gliedmaßenskelett ist typisch menschlich und unterscheidet sich nur in kleinen Einzelheiten vom Skelett des heutigen Menschen. Er trug den Kopf, der in seinem Knochenbau noch die größten Unterschiede zu dem des Jetztmenschen zeigt, aufrecht. Insgesamt hat Homo erectus gegenüber den Australopithecinen zahlreiche progressive Merkmale.

Charakteristisch sind allgemein massive Schädelknochen und offenbar Tendenz zu starkem Knochenbau. So ist der Schädel sehr dickwandig. Er erscheint niedrig, hat eine stark geneigte, flache Stirn und einen zeltförmigen Querschnitt gegenüber dem hausförmigen des Homo sapiens. Über den Augen liegt ein markanter, starker, über der Nasenwurzel nicht unterbrochener Wulst, der Überaugenwulst (Torus supraorbitalis). Dicht dahinter erscheint der Schädel in seiner Breite stark eingeschnürt. Dadurch ergeben sich eine schmale Stirn und ein ebenso schmales Stirnhirn. Ein Scheitelkamm ist nicht ausgebildet, die noch kräftige Kaumuskulatur setzt an den Jochbögen und dem Schläfenbein an. Das Hinterhaupt, im seitlichen Profil deutlich abgeknickt, trägt einen querverlaufenden Wulst, den Torus occipitalis. Die Öffnung des noch weiter an der Schädelbasis nach vorn gerückten Hinterhauptsloches weist nach unten. Das Gesicht wirkt wesentlich steiler als bei den Vormenschen, die Nase ist flach und breit, der Mund, noch prognath, also vorspringend ohne Kinn, erscheint gegenüber Australopithecus aber weiter reduziert. Das gesamte Kiefergerüst macht einen massigen Eindruck. Der Unterkiefer ist breit und dick. Die Kiefer besitzen die typisch menschlichen parabolischen Zahnbögen, aber im allgemeinen große robuste Zähne. Der Gehirnschädelinhalt erreicht bereits ansehnliche Dimensionen. Bei einer Variationsbreite von 700 bis 1250 cm^3 umfaßt er durchschnittlich 1000 cm^3. Die Körperhöhe betrug etwa 160 cm, das Gewicht 60 kg.

Alle bis heute bekannten Erectus-Funde stammen von nur 17 bis 20 Fundstellen. Sie lassen sich auf einige geographische Provinzen verteilen, die allerdings nicht mit besonderen Verbreitungsarealen gleichgesetzt werden dürfen, denn sie sind in ihrer Abgrenzung vor allem durch die Erhaltungsmöglichkeiten in besonderen geologischen Schichten und von der Intensität der Forschung abhängig. So kennen wir die südostasiatische Fundprovinz auf Java mit fünf Fundstellen, die ostasiatische mit drei, dann Ostafrika, Nordafrika und Europa mit jeweils drei oder vier Fundstellen. Funde von Resten des Homo erectus, die über eine Million Jahre alt sind, kennen wir bisher nur aus Ostafrika und Mitteljava. In den anderen Gebieten, die genannt wurden, sind vor allem die jüngeren Formen verbreitet. Dazu gehört der Homo erectus von Bilzingsleben. Es scheint so, daß sich Formen des Homo erectus verschiedene Male von einem Entstehungsort aus über die Alte Welt verbreitet haben. Dabei stießen sie erst spät in die nördlichen, kühleren Lebensräume vor. Hier treten sie auch nur während der warm-gemäßigten Klimaphasen des Eiszeitalters, nicht während der Kaltzeiten auf. Bei der Annahme, Homo erectus sei in Afrika entstanden, werden seine Ausbreitung und Wanderwege über Kontinente, Meerengen und Landbrücken schwer vorstellbar. Es könnte auch sein, daß die Wiege des ersten Menschen nicht in Afrika, sondern in weiter östlich liegenden Gebieten, vielleicht auf dem indischen Subkontinent oder in Ostasien, stand. Von einem solchen zentraler gelegenen Ort wäre seine Ausbreitung einfacher rekonstruierbar. So wäre der große Umweg über Arabien und Vorderasien nach Europa zugunsten eines direkten Weges über das Kaukasusgebiet nicht notwendig gewesen.

Die Funde von Java

Die ältesten, sicher zu Homo erectus gehörenden Reste stammen aus den Djetis-Schichten Javas, die vor mehr als 1,5 Millionen Jahren abgelagert worden sein sollen. Von Modjokerto ist ein kindlicher Gehirnschädel mit relativ dünnwandigen Knochen und etwa 700 cm^3 Hirnvolumen bekannt geworden. Aus der Gegend von Sangiran stammen ein Unterkieferfragment und ein später gefundener Hirnschädelrest mit Oberkiefer. Als altertümliche Merkmale sind ebenfalls geringer Hirnschädelinhalt (750 cm^3) sowie Zahnlücken zwischen Schneide- und Eckzähnen anzusehen. Beide alten Formen werden als Homo erectus modjokertensis bezeichnet.

Aus jüngeren Ablagerungen, den Trinilschichten, stammen die übrigen Homo-erectus-Reste Javas: Schädeldach und Oberschenkelknochen von Trinil, ein Unterkieferbruchstück von Kedung Brubus, Gehirnschädel, Scheitelbeine und Hinterhauptsfragment von Sangiran, Gehirnschädel von Tandjung sowie Kalottenfragment und vollständiger Schädel ohne Unterkiefer von Putjung. Alle diese Reste werden der Form Homo erectus erectus zugewiesen und sind etwa 500000 bis 800000 Jahre alt.

Diese jüngeren Erectus-Formen besitzen einen wesentlich höheren Hirnschädelinhalt von 775 bis 975 cm^3, massive Schädelknochen, stark vorgebaute Überaugenwülste und ein flaches Schädeldach mit fliehender Stirn.

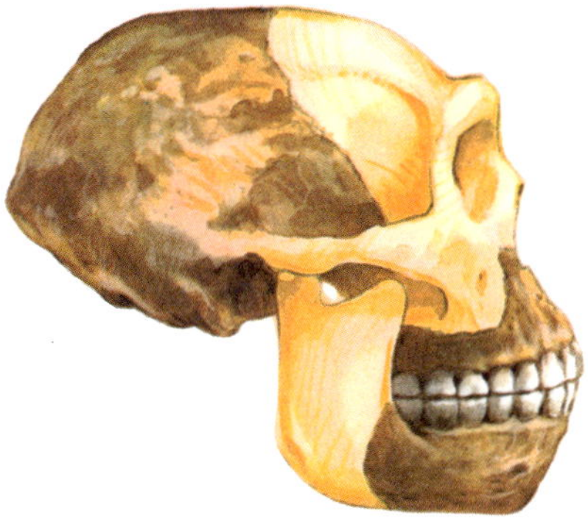

Modjokerto, Ostjava

Sangiran, Mitteljava

Putjung bei Sangiran, Mitteljava

Die Funde aus Ostasien

In China liegen auch verschieden alte Funde vor. Die ältere Form wird durch den massigen Schädel von Kungwangling in Lantian vertreten (Homo erectus lantianensis). Er hat ein flaches, sehr dickes Schädeldach, eine stark geneigte Stirnpartie, massives Überaugendach und ein Hirnschädelvolumen von 780 cm^3. Er wurde zusammen mit Geröllgeräten und Abschlägen gefunden.

Ein aus der Nähe von Chenchiawo stammender Unterkiefer ist erheblich jünger, ebenso die Funde von Choukoutien. Die Einsturzhöhle vom Drachenberg allerdings hat bisher den umfangreichsten Fundkomplex erbracht, der jemals für einen Homo erectus nachgewiesen werden konnte. Er hat ein Alter von 300000 bis 400000 Jahren. Insgesamt enthielt er Reste von 45 Individuen des Homo erectus pekinensis, dessen Schädeldach höher gewölbt ist als bei den älteren Formen und dementsprechend eine steiler aufsteigende Stirn besitzt. Außerdem ist der Schädel hinter der Augenregion nicht mehr so stark eingeschnürt. Die Kiefer sind weniger massiv, bisweilen deutet sich eine flache Kinnwölbung an, und am Überaugenwulst zeichnet sich eine schwache Unterbrechung über der Nasenregion ab. Das Fassungsvermögen der Schädel liegt bei 915 bis 1225 cm^3. Alle Funde stammen aus mächtigen Kulturschichten einer Wohnhöhle. Die dabei zu Tausenden gefundenen zerschlagenen Tierknochen bezeugen, daß sich der Pekingmensch vorwiegend als Jäger betätigte. Mehrere Feuerstellen und eine über 5 m mächtige Holzkohleschicht mit angebrannten Tierknochen beweisen eindringlich die Kenntnis und Nutzung von Feuer. Steingeräte in Form einseitig oder zweiseitig zugeschlagener Gerölle aus Quarz und Grünstein mit Schneiden und Spitzen, wahrscheinlich auch einfache Werkzeuge

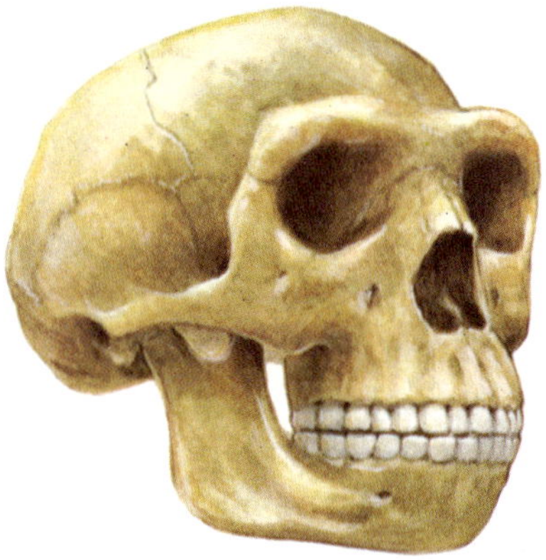

Choukoutien, VR China

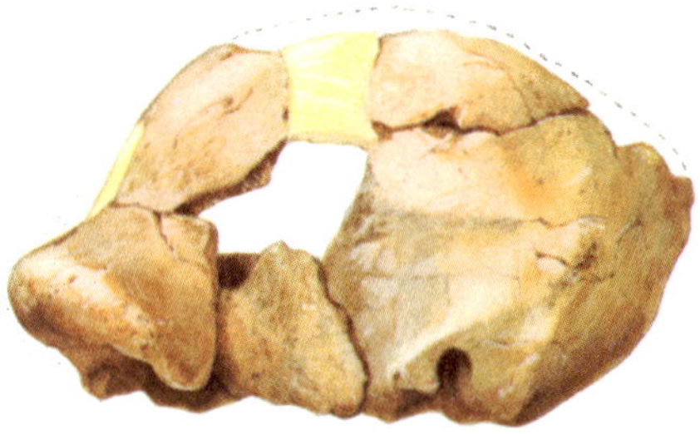

Oldoway, Bed II, Ostafrika

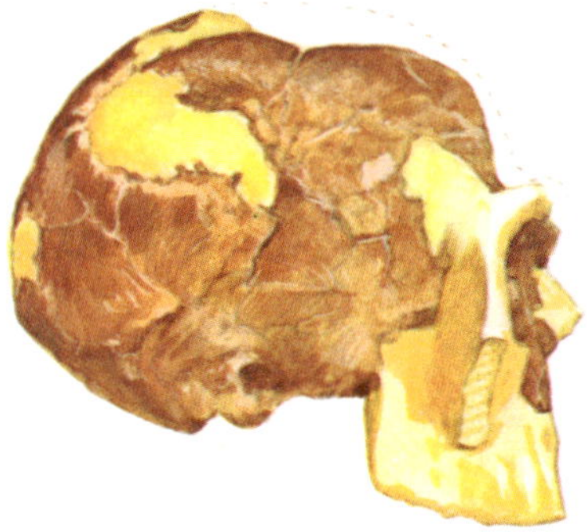

Ndutu-See, Ostafrika

aus Hirschgeweihen, sind weitere Zeugen der Kultur dieses Menschen. Die menschlichen Schädel sind offensichtlich zur Gehirnentnahme an ihrer Basis gewaltsam geöffnet, Skelettknochen zertrümmert und angekohlt. Die Gründe für den daraus erschließbaren frühen Kannibalismus kennen wir noch nicht.

Die Funde aus Ostafrika

Die über 1,5 Millionen Jahre alten Funde von Oldoway und Swartkrans, die dem frühen Homo erectus von Java sehr ähneln, wurden bereits genannt. Etwa 600000 bis 800000 Jahre alt, vielleicht auch jünger, ist ein Gehirnschädel aus dem Bed II der Oldoway-Schlucht (Homo erectus leakeyi). Der sehr massive Schädel mit flacher Stirn, starkem Hinterhauptsknick und mächtigem Überaugendach hat 1065 cm^3 Hirninhalt. Eventuell wurden von diesem Menschen die einfachen Faustkeile und Spalter angefertigt, die in der gleichen Schicht vorkommen. Fragmente von Schädeln, Extremitätenknochen und von einem Becken, die aus Bed IV stammen, werden einem jüngeren Homo erectus zugewiesen.

Erst 1973 entdeckte man unweit von Oldoway am Ndutu-See in Tansania bei Ausgrabungen einen etwa 500000 Jahre alten Gehirnschädel mit Oberkiefer zusammen mit einfachen Faustkeilen und Abschlägen sowie zerschlagenen Tierknochen. Der Schädel ist relativ hoch und besitzt eine steilere Stirn. Er wird mit Homo erectus pekinensis verglichen, zu dem er große Ähnlichkeit aufweist. Eventuell gehört in diese späte Gruppe ein Gesichtsschädelfragment von Koro-Toro am Tschad-See. Zu den jüngsten Entdeckungen zählt ein gut erhaltener Hirnschädel von Koobi Fora am Turkanasee. Auch er wird einem Homo erectus zugewiesen.

Die Funde aus Nordafrika

Bei den nordafrikanischen und europäischen Funden kommen nur jüngste Vertreter der Homo-erectus-Gruppe vor.

Aus Nordafrika kennen wir die drei Unterkiefer, Scheitelbein und Eckzähne von Ternifine (Homo erectus mauretanicus), die zusammen mit einfachen Faustkeilen gefunden wurden und etwa 400000 bis 500000 Jahre alt sind. Etwas jünger dürften die Funde von Rabat und Sidi Abderrahman bei Casablanca sowie Schädelfragmente von Ubeidiya in Israel sein. Aber es ist ungewiß, ob sie dem Homo erectus zugeordnet werden können.

Die Funde aus Europa

Aus Europa kannte man bisher nur den etwa 500000 Jahre alten Unterkiefer von Mauer (Homo erectus heidelbergensis). Ein Teil der mit ihm zusammen gefundenen Tierknochen ist nach Aussage von statistischen Untersuchungen durch menschliche Jagd an einem Verzehrplatz angehäuft worden. Gejagt wurden Waldelefanten, Nashörner, Wildpferde, Flußpferde, Biber, Bisons, Elche, Hirsche und Rehe. Einfache Geröllgeräte stellte der Heidelberger aus quarzitischen Sandsteinen her.

Die Funde von Vértesszöllös werden zwar als genauso alt angesehen wie der Heidelberger Fund, können aber auch aus einer späteren Periode stammen und dann nur ein Alter von 300000 bis 400000 Jahren besitzen. Das Hinterhauptsstück stammt offenbar von einem Homo erectus. Es ist abgeknickt und läßt

Vértesszöllös, Ungarn

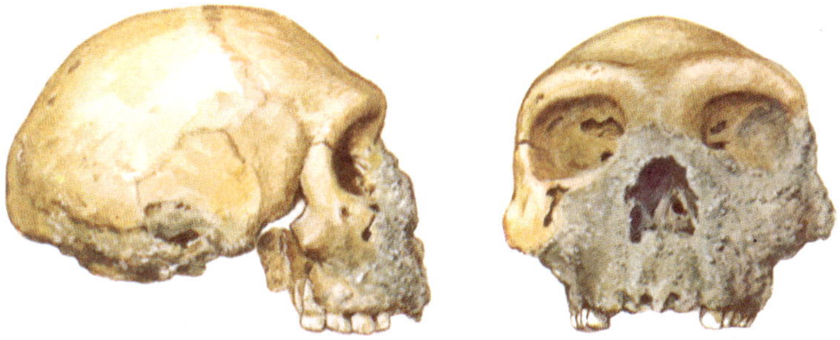

Petralona, Griechenland

einen Hirnschädelinhalt von etwa 1300 cm^3 errechnen. Feuergebrauch und Jagd sind nachgewiesen. Kleine Steinwerkzeuge vom Typus der Geröllgeräte sind vor allem aus Quarz hergestellt.

1960 entdeckte man in einer Höhle bei Petralona in Griechenland einen vollständig erhaltenen Schädel ohne Unterkiefer. Er hat bisher noch keine eingehende Untersuchung erfahren. Seine Morphologie, wie abgeknicktes Hinterhaupt, relativ flacher Schädel mit 1220 cm^3 Inhalt, kräftiges Überaugendach, Einschnürung des Schädels hinter den Augen, spricht für Zugehörigkeit zur Erectus-Gruppe. Das Alter ist unbestimmt und wird mit etwa 300000 bis 400000 Jahren angegeben. Das in neuesten Zeitungsmeldungen im Zusammenhang mit Neufunden erwähnte höhere Alter ist mit Vorsicht aufzunehmen.

Zu den letzten Funden eines Homo erectus gehören nun unsere Bilzingslebener Schädelstücke. Sie sind zugleich auch die bisher nördlichsten Funde des Homo erectus in der Alten Welt und beweisen mit weit größerer Sicherheit als die in ihrer Stellung z. T. noch umstrittenen Funde von Heidelberg, Vértesszöllös und Petralona die Existenz eines Homo erectus – wenn auch eines geologisch wie phylogenetisch jüngsten Vertreters dieser Gruppe – in Europa.

Nachfahren des Homo erectus

In Südostasien und Afrika bricht die Entwicklung des Homo erectus nach 300000 vor heute nicht ab. Sie führt selbständig weiter zu Formen, die auf Java bei Ngandong, in Ostafrika bei Broken Hill und in Südafrika bei Saldanha gefunden wurden. Sie stammen aus der Zeit zwischen 100000 und 30000 vor heute. In ihrem Schädelbau erinnern sie auffallend an Homo erectus. Die Ngandong-Formen schließlich führen in Indonesien und dann auch in Australien offenbar noch weiter zu Vertretern des heutigen Menschen mit archaischen, erectusähnlichen Zügen. Sie wurden im Süden des australischen Kontinents gefunden, z. B. Skelette von Menschen, die vor 8000 bis 25000 Jahren bei Kow Swamp bestattet wurden. Ihre Schädel sind zwar ziemlich groß, aber recht flach und dickwandig,

Ternifine, Algerien

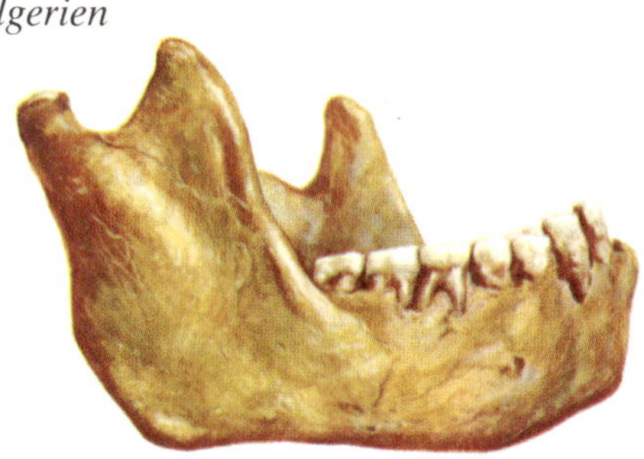

Mauer bei Heidelberg, BRD

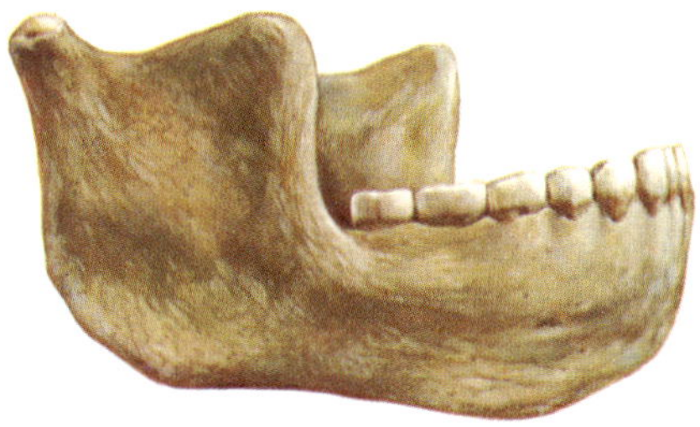

haben abgeknicktes Hinterhaupt und breiten Überaugenwulst. Wahrscheinlich gehen aus diesen Formen die rezenten Ureinwohner Australiens hervor, die als Homo sapiens noch ganz ähnliche Merkmale besitzen.

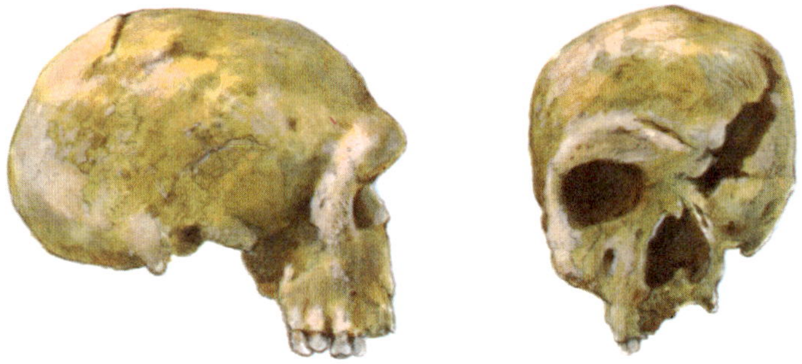

Steinheim, BRD

Der Homo sapiens

In Europa, Nordafrika und Vorderasien entwickelten sich aus der Erectus-Gruppe Formen, die als direkte Vorfahren des Homo sapiens angesehen werden können. Sie treten bereits neben späten Vertretern des Homo erectus auf.

Der Trend in der Entwicklung zum Homo sapiens ist durch weitere Spezialisierung und Vergrößerung des Gehirns gekennzeichnet. Dabei wölbt sich der Schädel hoch auf und verliert alle archaischen Merkmale. Das Hirnvolumen erreicht durchschnittliche Werte von 1500 cm^3. Der Wulst am Hinterhaupt und die Knickung des Hinterhauptes verschwinden. Das Hinterhauptsloch befindet sich nun weit vorn im Zentrum der Schädelbasis. Der Überaugenwulst geht verloren und weicht mehr oder weniger schwach ausgebildeten Überaugenbögen. Die Stirn ist hoch und steil. Statt einer Prognathie bildet sich am Unterkiefer ein Kinn heraus. Die Zahnbögen sind gerundet, parabolisch, ihre Zähne relativ klein. Die Tendenz, die dritten Molaren immer mehr zu reduzieren, verstärkt sich. Das übrige Skelett erfährt nur noch einige kleinere Veränderungen. Zum Homo erectus kann sich Homo sapiens allein auf Grund einer außergewöhnlich großen Variabilität nicht streng abgrenzen. Es besteht in den Formen ein fließender Übergang.

Zu den frühen Homo-sapiens-Formen sind die Schädel von Steinheim und Swanscombe, beide etwa 200 000 bis 300 000 Jahre alt, und die etwa 50 000 Jahre jüngeren Funde aus Südfrankreich von Arago, Montmaurin und Nizza zu rechnen. Sie besaßen schon die sapiensartig hohen, dünnwandigen Schädel mit ca. 1300 cm^3 Hirninhalt, aber doch noch stärkere Überaugenbögen. Sie waren die Verfertiger hochentwickelter Faustkeile.

Eventuell spalteten sich diese frühen Sapiens-Formen in zwei Linien auf. Die eine führte zum heutigen Menschen, dem Homo sapiens sapiens, die andere über den «Präneandertaler» zum Neandertaler, dem Homo sapiens neanderthalensis. Als derartige Übergangsformen zum Neandertaler werden etwa 100 000 Jahre alte Funde angesehen, die in Frankreich (Fontéchevade), dem Elbe-Saale-Gebiet (Ehringsdorf bei Weimar), in der Slowakei (Gánovce), in Italien (Saccopastore) und Jugoslawien (Krapina) gemacht wurden. Ihnen folgen die «klassischen» Neandertaler. Sie waren über ganz West-, Mittel- und Südeuropa bis in das

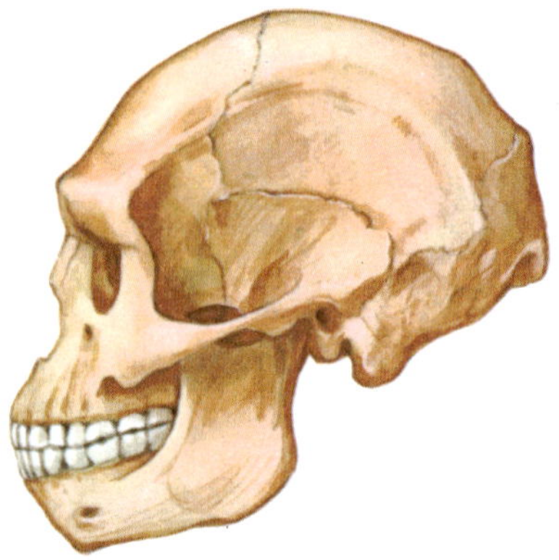

Ngandong, Ostjava

Broken Hill, Ostafrika

Schwarzmeergebiet verbreitet. Als charakteristisch für den Neandertaler gelten hohes Hirnschädelvolumen (1356 bis 1750 cm^3), langgestreckter, flach wirkender Hirnschädel, flache Stirn, kugelförmig ausgezogenes Hinterhaupt, im Querschnitt breitovaler Schädelumriß, kräftig vorgewölbte Überaugenbögen, großer, vorspringender Gesichtsschädel, breite Nasenöffnung und großer Unterkiefer ohne Kinn. Die Gliedmaßenknochen sind durchschnittlich derber und plumper als beim Sapiens, die Oberschenkel sind stärker gekrümmt, die Hände groß und derbknochig. Seine Körpergröße schwankte zwischen 155 und 165 cm. Mit diesen Merkmalen unterscheidet sich der Neandertaler sowohl vom Homo sapiens sapiens wie auch vom Homo erectus. Der klassische Typ des Neandertalers in Westeuropa starb offenbar vor etwa 35000 Jahren weitgehend nachkommenlos aus.

Noch zu seinen Lebzeiten erschienen die ersten Vertreter des Homo sapiens sapiens, die bereits wie die Menschen der Gegenwart

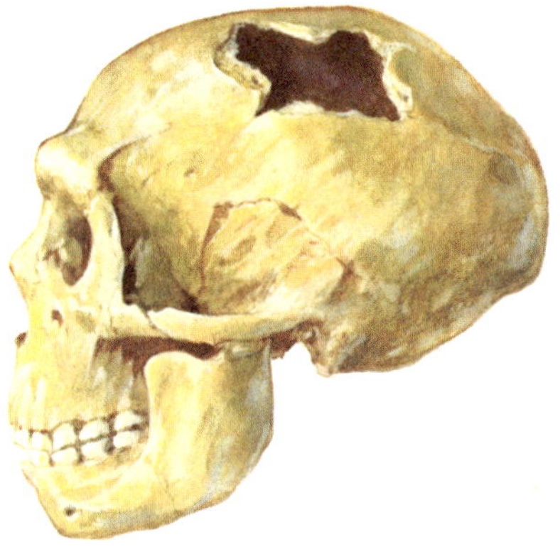

Neandertaler von La Chapelle-aux-Saints, Frankreich

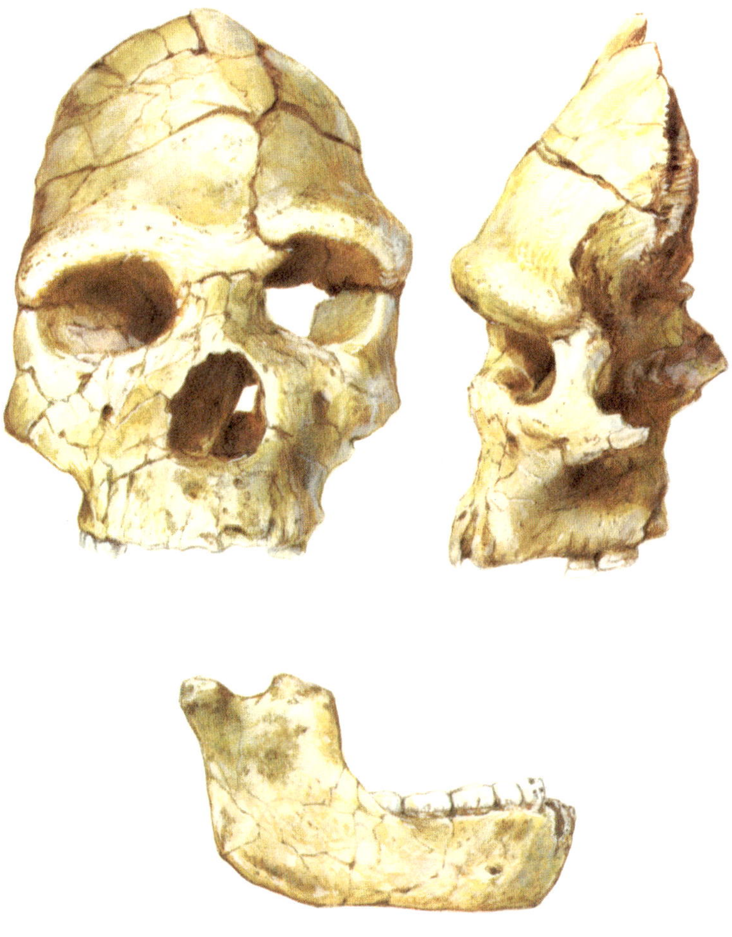

Arago-Höhle bei Tautavel, Ostpyrenäen

gebaut waren und sich daher deutlich von ihren eiszeitlichen Zeitgenossen unterschieden. Von Beginn an existierten drei Typen des Homo sapiens sapiens nebeneinander: der breitgesichtige größere Cromagnon-Typ, der schmalgesichtige grazilere Combe-Capelle-Typ und der Brno-Typ. Während die Steingerätetechniken des Neandertalers noch an die späten Faustkeilkulturen anklingen, sind mit dem Sapiens eine Menge neuer kultureller Erscheinungen verknüpft. Seine Steingeräte lassen rationellere Herstellungstechniken erkennen, die zu hochspezialisierten Werkzeugtypen aus schmalen Klingenabschlägen führten. Knochen, Geweih und Elfenbein wurden verarbeitet. Es entstanden neue Jagdmethoden. Mit Hilfe spezieller Behausungstypen, z. B. Zeltwohnungen im Freiland, gelang es Homo sapiens endgültig, die Ungunst des rauhen Kaltzeitklimas in Tundren und Steppen zu überdauern. Das erforderte neuartige Bekleidung. In größerem Umfange als bisher tauchen als Ergebnis geistiger Tätigkeit im Rahmen eines einfachen Fruchtbarkeits- und Jagdkultes Kleinplastiken oder Gravierungen mit Frauen- und Tiermotiven sowie die bekannten Höhlenmalereien auf.

Im Vorderen Orient und auch in Ostafrika konnten wesentlich ältere Formen des eiszeitlichen Neumenschen nachgewiesen werden als in Europa. Vielleicht hat sich Homo sapiens sapiens in einem zentral gelegenen südosteuropäisch-vorderasiatisch-ostafrikanischen Gebiet entwickelt, um sich dann von hier über die wichtigsten siedlungsgünstigen Räume der Alten Welt auszubreiten. Aus späten Erectus-Gruppen und Neandertalern entstandene Populationen wurden dabei assimiliert oder in abgelegene Gebiete verdrängt, wenn sie nicht gar ausstarben. In Südafrika und Ostasien tauchen – so unvermittelt wie in Europa – um 40000 vor heute die ersten Neumenschen auf. Die Neue Welt

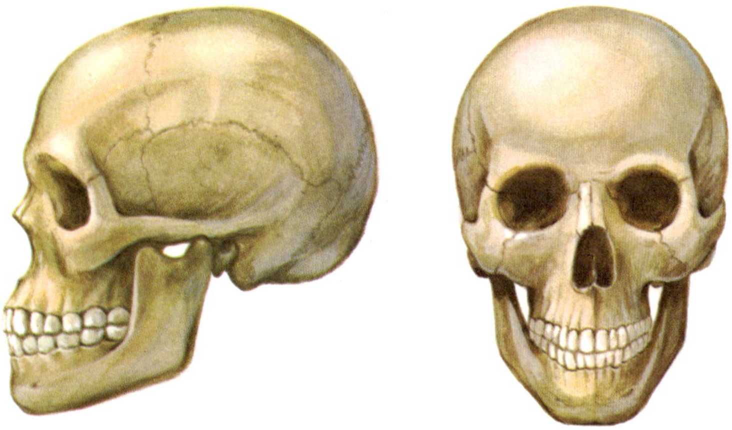

Homo sapiens sapiens

wurde vom asiatischen Festland aus über die Beringbrücke, die während der letzten Eiszeit entstand, kurz darauf erreicht. In Südostasien und Australien begegnete der Sapiens bei dieser globalen Ausbreitung, die mit einer bis heute ständig ansteigenden Populationszunahme verbunden war, archaischen Bevölkerungsgruppen mit Erectus-Merkmalen.

In groben Zügen sind dies die wichtigsten, heute bekannten Etappen der menschlichen Evolution. Sie erscheint uns nicht als eine stufenweise Folge von höher organisierten Formen aus der jeweils vorhergehenden primitiveren Form, sondern als ein sich ständig verzweigender Ablauf mit zahlreichen Versuchen, aus dem jeweils vorhandenen genetischen Material die den zufällig bestehenden Umweltverhältnissen entsprechend beste Kombination von Eigenschaften durch «natürliche Zuchtwahl» – um mit Darwin zu sprechen – auszuwählen. Dabei spielen zunehmend Bedingungen der gesellschaftlichen Umwelt, die der Mensch im Laufe der Zeit mehr und mehr selbst schafft, eine bedeutende Rolle. Aus relativ unspezialisierten, zur Veränderung und Anpassung fähigen Formen bilden sich verschiedene neue, die sich bei ihrer eigenen Evolution mehr oder weniger vom Stammbaum des Menschen entfernen und später aussterben. Auf diesem Wege erreichen sie irgendwann einen Spezialisierungsgrad, der sie zur genetischen Grundlage neuer, höher entwickelter Formen heranwachsen läßt. Ein ständiges Sichverzweigen und zeitliches Nebenher verschiedener Linien der Evolution, nicht die aufsteigende einfache Stufenfolge müssen wir erkennen.

Als erste Menschen bilden sich also die Formen des Homo erectus heraus. Es scheint so, als ob weniger der an Geröllgerätekulturen gebundene östlich verbreitete Kreis als der über die progressiveren Techniken der Faustkeilkulturen verfügende westlich verbreitete euroafrikanische Kreis des Homo erectus die Voraussetzungen zur weiteren Evolution zum Homo sapiens besaß. Aus den dabei noch zu seiner Zeit entstehenden frühen Sapiensformen bildete sich die west- und mitteleuropäische Formengruppe des Neandertalers heraus. Sie vermag sich trotz traditionsgebundener Kultur noch an kaltklimatische Verhältnisse der letzten Eiszeit anzupassen, wird aber durch die konkurrenzfähigeren Formen des Neumenschen wie andere archaische Gruppen allmählich verdrängt und aufgesogen. Ursachen einer immer stärkeren Zunahme der Populationsdichte und einer immer stärkeren Ausbreitung des Neumenschen sind die weitere Spezialisierung und Differenzierung des menschlichen Gehirns und die damit verbundene Erlangung eines immer höheren geistig-kulturellen und sozialen Niveaus.

Die geschilderte Auffassung der menschlichen Evolution ist allerdings noch in vielen Teilen hypothetisch. Sie kann in wichtigen Details auch anders verlaufen sein. Zu neuen Spekulationen und Hypothesen geben laufend Neufunde Anlaß. Es wurde bereits angedeutet, daß sich Homo erectus auch als eine urtümliche Sapiens-Form entpuppen könnte und keine selbständige Art oder gar Gattung darstellt. Der spezielle Entwicklungsgang zum Neumenschen wäre dann in mancher Hinsicht einfacher und verständlicher erklärbar. Es ist auch nicht auszuschließen, daß sich der Neandertaler nicht erst aus den sapiensartigen Formen, sondern direkt aus einem Vertreter der Homo-erectus-Gruppe abgezweigt hat. Neuerdings gibt es eine weitere Hypothese, die den Sapiens-Stamm noch tiefer ansetzt und auf jenen Typ als Ausgangsform zurückführt, der durch den etwa 2 Millionen Jahre alten, aber in seiner Stellung sehr unsicheren Schädel von Koobi Fora am Turkanasee vertreten wird. Dann würde Homo erectus von Anfang an auf einer weniger bedeutenden Seitenlinie stehen. Und schließlich existieren noch Meinungen, die die Entwicklung der Sapiens-Linie direkt beim Ramapithecus vor 10 bis 15 Millionen Jahren beginnen lassen. Sämtliche Vormenschen und Homo erectus werden dann auf Nebengeleise der Evolution abgeschoben.

Es liegt in unserem Wesen, daß wir uns auch dann, wenn nur mangelhafte Beweise und große Kenntnislücken vorliegen, ein plausibles, vergleichsweise endgültiges Bild machen wollen, das im Allgemeinwissen aufgeht. Allerdings vergessen wir später oft, welche Spekulationen dazu nötig waren!

Wir dürfen diese Hypothesen oder Theorien nur als das hinnehmen, was sie sind, nämlich Denkmodelle, die Neufunden oder neuen Erkenntnissen der Wissenschaft gerecht werden wollen. Ein Fund danach kann sie grundlegend verändern.

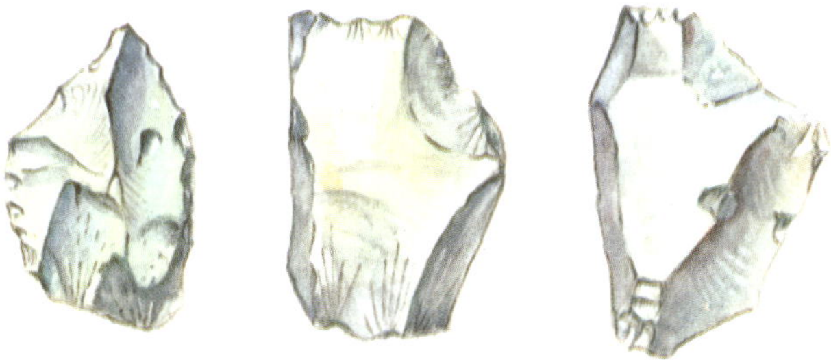

Steingeräte von Choukoutien (obere Reihe), der frühen Faustkeilkultur (mittlere Reihe) und der entwickelten Faustkeilkultur (untere Reihe), etwa die Hälfte bis zwei Drittel der natürlichen Größe

Die steinernen Geräte als sicheres Beweismaterial für die ehemalige Anwesenheit und Tätigkeit von Menschen sind uns von zahllosen Fundstellen Afrikas, Europas und Asiens bekannt geworden. Es liegt nahe, aus diesen ins Unübersehbare angewachsenen Funden, die eine Zeitspanne von etwa 2,5 Millionen Jahren umfassen, kulturelle Entwicklungslinien zu konstruieren und davon die Entwicklung des Menschen und seiner Gesellschaft abzuleiten. Das ist jedoch allein nicht möglich, sondern nur in Verbindung mit gesicherten Fossilfunden des Menschen. So kann nur der ganz allgemeine Entwicklungsgang dargestellt werden: Er begann mit angeschlagenen Geröllen und benutzten Splittern, führte über primitive Geröllgeräte zu den ersten Faustkeilen, dann weiter über entwickelte Faustkeile zu den schon weit spezialisierten Werkzeugformen und Techniken des Mittelpaläolithikums, schließlich zu jenen des Jungpaläolithikums mit noch stärkerer Spezialisierung und intensiverer Nutzung anderer, vor allem

Steingeräte des Neandertalers aus Westeuropa (obere Reihe) und des Homo sapiens sapiens aus Mitteleuropa (untere Reihe), etwa die Hälfte der natürlichen Größe

Jagdwaffen aus Geweih und Elfenbein des Homo sapiens sapiens aus Westeuropa. Künstlerische Darstellung von Beutetieren im Dienste eines einfachen Jagdzaubers

organischer Rohstoffe. Die Anfänge dieser Entwicklung sind wohl noch mit Vormenschenformen verknüpft; sie wird vom Frühmenschen weitergeführt. Die entwickelten Faustkeilkulturen werden vor allem mit Präsapiens-Formen zusammen gefunden, während das Mittelpaläolithikum durch den Neandertaler, das Jungpaläolithikum durch den eiszeitlichen Neumenschen vertreten wird. Einige Abbildungen von Steingeräten sollen in diesem Buch, stellvertretend für viele Funde, diese Entwicklung andeuten.

Das Abenteuer ist nicht zu Ende

Jede Ausgrabung ist ein Vorstoß ins Unbekannte, obwohl vorher Einzelfunde oder ein geologischer Aufschluß Hinweise für die Existenz der fundführenden Schicht gegeben haben. Der Forscher ist im ungewissen darüber, was alles ihn erwartet. Die Hoffnung, eine Überraschung zu erleben, verläßt ihn nie. Doch ist es nicht möglich, in blindem Eifer Schicht für Schicht auszuräumen, um dem Ziel schneller näher zu kommen. Ein überlegtes Vorgehen ist erforderlich. Langwierige Arbeiten müssen durchgeführt werden, bevor das ersehnte Fundstück oder ein neuartiger Befund vorliegt und wissenschaftlich registriert werden kann, wie z. B. auf dem Grabungsplan, den die Abbildung zeigt. Er stellt einen Ausschnitt vom Rastplatz der Urmenschen am Ufer des ehemaligen Bilzingslebener Sees dar.

Der Plan läßt die Planquadrate erkennen, die eine Seitenlänge von 1,5 m besitzen. Nur die größeren Fundstücke wurden eingezeichnet. Deutlich verläuft die steile Uferböschung durch die Fläche. Um etwa 50 bis 60 cm fällt sie nach links zum ehemaligen Seebecken ab, das hier mit Travertinsanden des Schwemmfächers gefüllt ist, während sich rechts die ebene, nur schwach ansteigende Uferplatte anschließt. Sie ist mit Knochenabfällen der Jagdbeute übersät.

Die größeren Objekte gehören meist zu Elefant oder Nashorn. Zwischen ihnen liegen als Hinweis auf Arbeitsplätze große Werkzeuge aus Quarzit- und Kalkgeröllen, aus Knochen oder Geweih.

Der Schwemmfächer enthält vorwiegend kleinere, eingeschwemmte Fundstücke. Man muß noch erklären, daß auf der Fläche eines Planquadrats von der Uferplatte 50 bis 200, im Schwemmfächerbereich aber 500 bis 2000 geschlagene Feuersteinartefakte pro Planquadrat lagen. Der zehnte Teil davon bestand aus kleinen Werkzeugen. Links oben ist das im Schwemmfächer eingebettete Stück eines menschlichen Stirnbeins zu erkennen.

1 2 3 4 5 6

1 Uferböschung, 2 Knochen und Zähne, 3 Geweihreste, 4 Steine, 5 größere Steingeräte, 6 menschliches Stirnbein.

Blau: Schwemmfächerbereich, gelb/orange: sandige Uferplatte

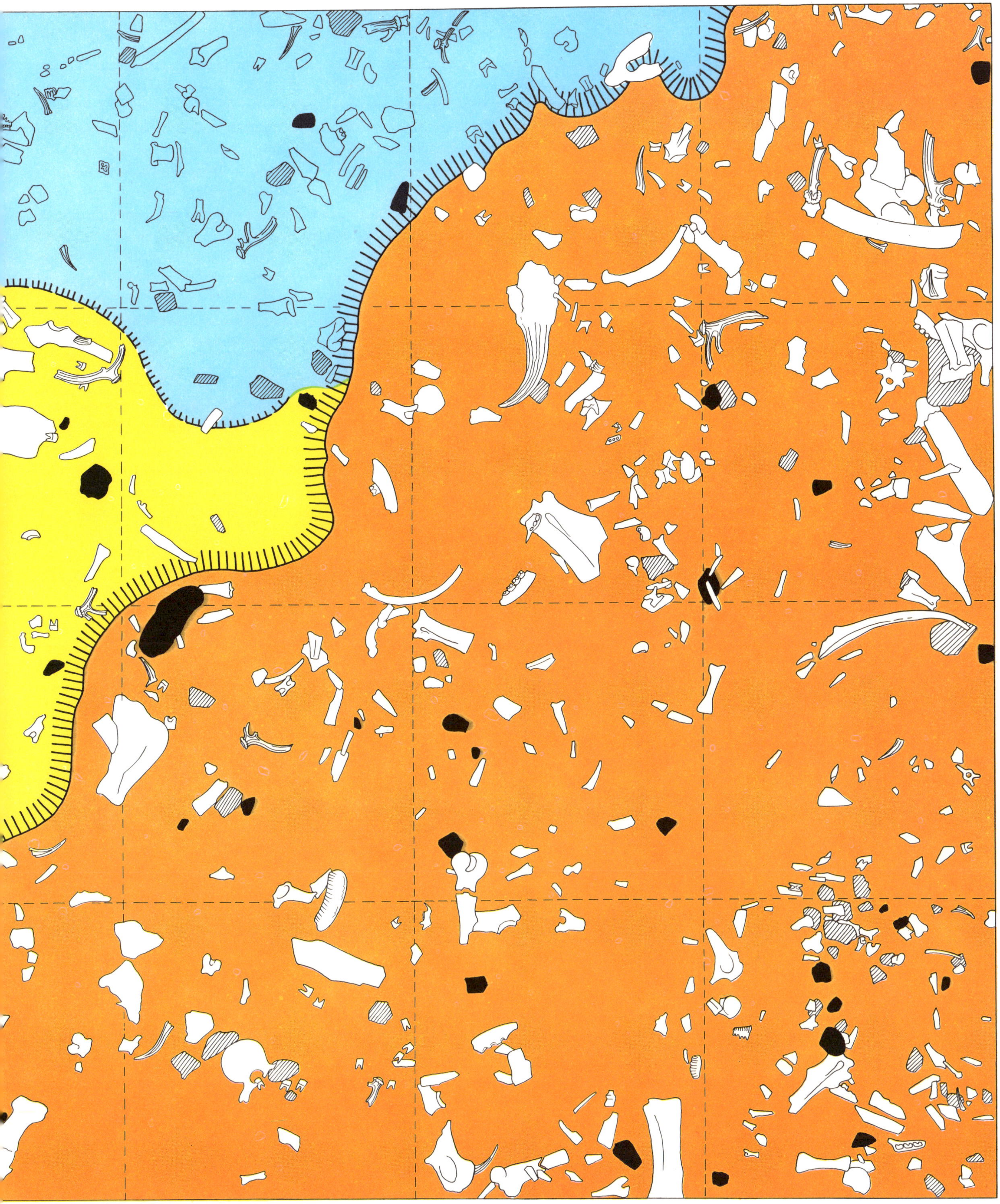

Angesichts der großen Entdeckungen von Trinil, Choukoutien, Ost- und Südafrika, angesichts der zahlreichen Fundstellen steinzeitlicher Kulturüberreste, die wir heute aus Europa, Afrika und Asien kennen, und nicht zuletzt auch unter dem Eindruck der Feststellung, daß doch schon Wesentliches über den Ablauf der menschlichen Evolution ausgesagt werden kann, möchte man meinen, daß alle weiteren Forschungen nur noch zu Ergänzungen und zur Abrundung des bekannten Bildes führen können, daß auch sie zu alltäglichen Routineuntersuchungen werden. Aber dem ist nicht so. Gerade unsere Entdeckungen von Bilzingsleben beweisen: Das Abenteuer ist noch nicht zu Ende! Genau wie 1891 Dubois, stehen auch wir heute noch, vor Aufregung fiebernd, den knöchernen Überresten eines urtümlichen menschlichen Vorfahren gegenüber. Wir müssen erkennen, daß der Weg des Forschers noch nicht sein Ziel erreicht hat. Er muß dem Boden noch zahlreiche Geheimnisse entreißen und aus dem Fundmaterial deuten. Und dieser Weg führt nicht in die berühmten Fundlandschaften der Oldoway-Schlucht, des Omo-Tales oder der javanischen Tropen, sondern in ein Randgebiet der frühmenschlichen Existenz, in die gemäßigte Klimazone Mitteleuropas.

Bilzingsleben ist ein kleiner Ort am Nordostrande des Thüringer Beckens, das sich in südlicher Richtung, nur von niederen Schichtrippen härterer Kalk- und Dolomitbänke unterbrochen, flach ausbreitet. Von einer Mäanderschlinge der Wipper umflossen, liegt das Dorf, hinter Bergrücken versteckt, auf einem Sporn, der bereits zu der Hainleite gehört, jenem auffallend geradlinig von Südost nach Nordwest verlaufenden schmalrückigen Muschelkalkhöhenzug, der den Beckenrand bildet. Nur einen Kilometer südlich des Dorfes befindet sich auf einer weiteren spornartig aus der Hochfläche herausgeschnittenen Anhöhe 30 bis 35 m über der Flußaue die «Steinrinne», die nach den Steinbrüchen im dort anstehenden Travertin so benannte Fundstelle, die schon 1818 durch v. Schlotheim, 1908 durch Ewald Wüst und Ende der zwanziger Jahre durch Adolf Spengler auf sich aufmerksam machte.

Als Privatdozent des damaligen Mineralogischen Instituts der altehrwürdigen Universität Halle-Wittenberg beschäftigte sich Ewald Wüst (1875–1934) mit der Klimageschichte des Eiszeitalters. Seine wichtigsten Untersuchungsobjekte waren nicht nur fossile Knochen eiszeitlicher Großsäuger, sondern vielmehr die in den Sedimenten erhaltenen Kalkschalen von Schnecken und

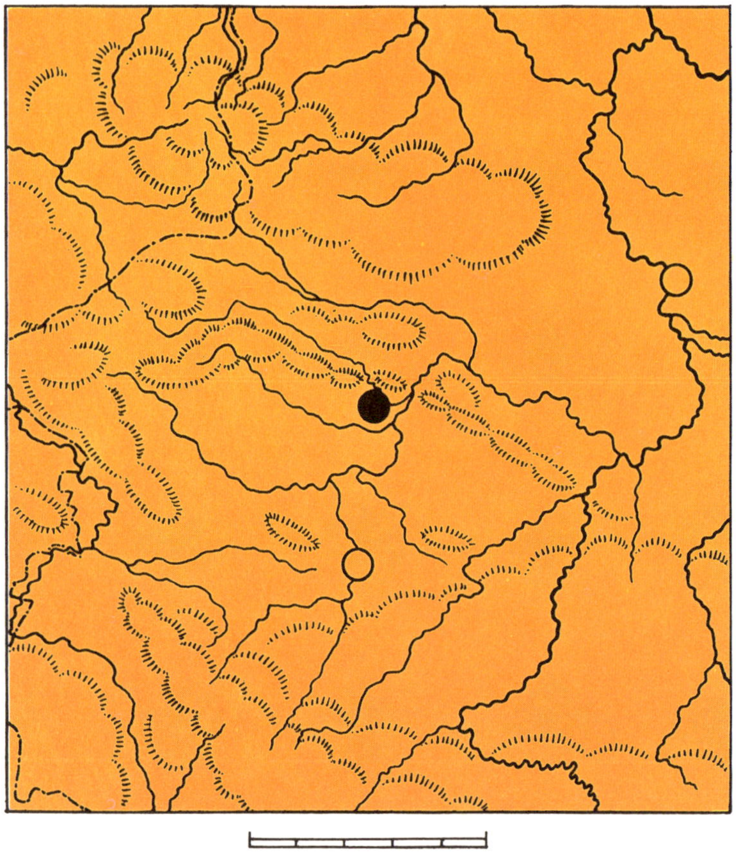

Lage der Fundstelle Bilzingsleben (schwarzer Kreis) im nördlichen Mitteleuropa

Ewald Wüst, 1908

Muscheln, von Weichtieren also, die besonders empfindlich auf Klimaänderungen reagieren und sich daher für seine Forschungsarbeit gut eigneten. Fossile Schnecken kommen vorwiegend in den kalkhaltigen Ablagerungen des Eiszeitalters vor. Und deshalb besuchte Wüst auch wiederholt die Steinbrüche bei Bilzingsleben, um hier Fossilmaterial zu sammeln. Dabei fand er die ersten Feuersteinartefakte als sicheren Nachweis der ehemaligen Anwesenheit des eiszeitlichen Urmenschen in Thüringen.

61 Jahre später wiederholte sich diese Situation, und an der inzwischen vergessenen Fundstelle wurde eine neue Fundschicht entdeckt: Ein junger Paläontologe aus dem gleichen Institut für Geologie und Paläontologie besuchte mit der gleichen Absicht, nämlich fossile Schnecken im Travertin für eine Arbeit über die eiszeitliche Klima- und Landschaftsentwicklung zu sammeln, die Steinbrüche. Ein Schurf auf der Sohle des westlichsten Steinbruchs wurde ausgehoben. In 2 m Tiefe war der Steinbruchschutt durchteuft, der Spaten förderte einen weißen, mit Schneckenschalen angereicherten Seekalk und darunterliegenden Bachsand zutage. Damit war das Ziel des Paläontologen eigentlich erreicht. Aber ein weiterer Spatenstich weckte seine Aufmerksamkeit: Ein großer Fußwurzelknochen eines Elefanten erschien; daneben lagen zweifellos zerschlagene Splitter weiterer Tierknochen, und im abtrocknenden ausgehobenen Sand wurden kleine Feuersteinsplitter sichtbar. Nach bestimmten Merkmalen zu urteilen konnten sie nur von künstlichen, gezielt ausgeführten Schlägen stammen! Eine paläolithische Fundschicht war entdeckt! Weitere Untersuchungen bestätigten das schon von Ewald Wüst erkannte hohe Alter der Travertinablagerungen, und so wurde die Fundstelle bei Bilzingsleben plötzlich wieder bekannt und interessant.

Sondierungen in den nachfolgenden Jahren ergaben, daß die neu entdeckte Fundschicht vollgestopft war mit steinzeitlichen Funden, mit Feuersteingeräten, den bei ihrer Herstellung entstandenen Abfallsplittern und unzähligen zerschlagenen Knochen und Gebißresten erjagter Tiere, ein Anlaß für das Landesmuseum für Vorgeschichte in Halle (Saale), hier größere Grabungen vorzunehmen.

Der Entdecker – ein Autor dieses Buches – hegte schon von Anfang an die große Hoffnung, hier auch dem Urmenschen zu begegnen. Die Voraussetzungen dazu schienen günstig: Die Anwesenheit des Menschen war erwiesen, Knochensubstanz war erhalten. Und wie bei manchen anderen Fundstellen erfüllte sich auch hier dieser Wunsch, wurde gezielte Forschungsarbeit durch den langersehnten Fund belohnt: durch ein Schädelstück des fossilen Menschen, das zwar schon 1972 geborgen, aber erst bei Präparationsarbeiten 1974 erkannt wurde und dem dann von Jahr zu Jahr weitere Bruchstücke folgten.

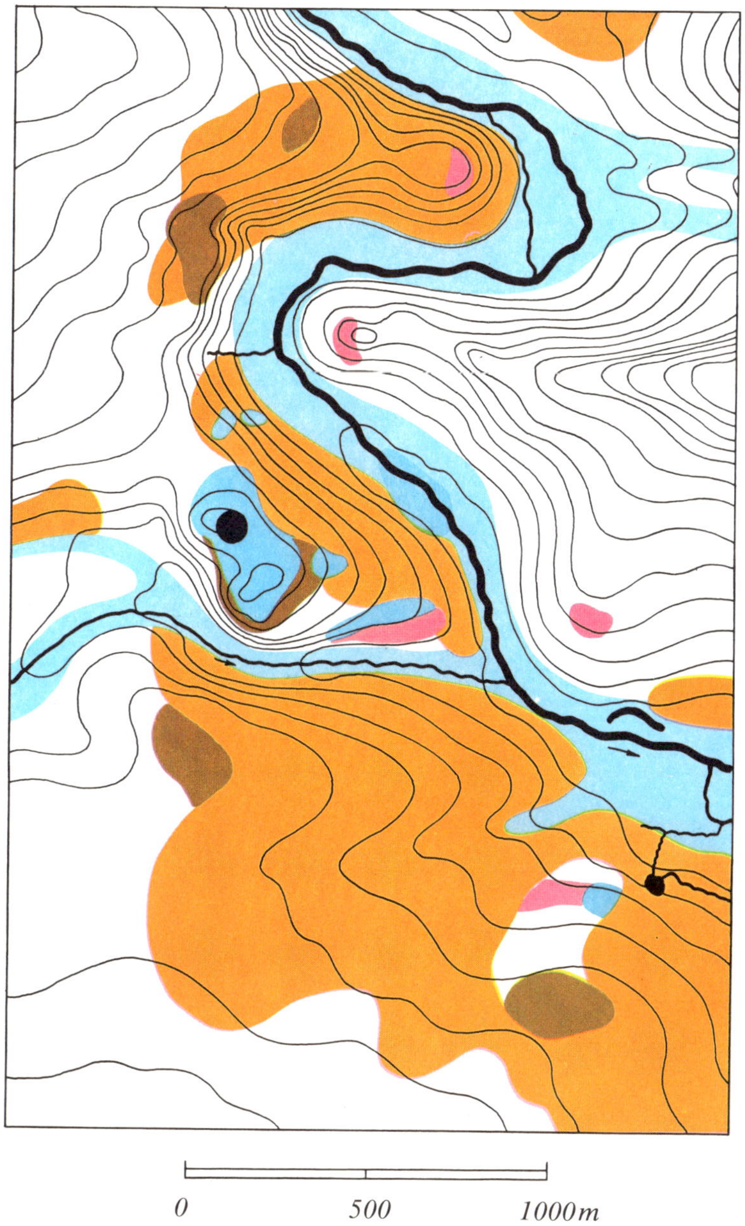

Das Wippertal bei Bilzingsleben. Die Übersichtskarte zeigt das heutige Relief und das Vorkommen einiger wichtiger Ablagerungen aus dem Eiszeitalter. Kreis: Fundstelle, hellblau: Aue, dunkelblau: Travertin, braun: ältere Flußschotter, rot: jüngere Flußschotter, gelb: Löß

Nach dieser Entdeckung liegt nun mit Bilzingsleben eine in der Archäologie des frühen Menschen äußerst seltene Fundkombination von materiellen Kulturresten, dem Schöpfer dieser Kultur und von Hinweisen auf seine Umwelt vor. Für den frühen Menschen gibt es nur wenige Beispiele solcher komplexen Befunde: mit Abstand den einmaligen Befund vom Drachenberg bei Choukoutien, dann Oldoway und Vértesszöllös.

Die Grabungsarbeiten auf der Steinrinne bei Bilzingsleben gestalteten sich bald zu einem umfangreichen Unternehmen: Baggerarbeiten waren zunächst notwendig, um den mit Steinbruchschutt, Müll und Schrott gefüllten Steinbruch wieder freizulegen und um bequemer an die Fundschicht heranzukommen. Wohnwagen und Förderband wurden angeschafft, eine Baubaracke als Feldlabor wurde aufgestellt. Zur Arbeitsstelle auf der Grabung gesellte sich eine zweite für Sieb-, Schlämm- und Präparationsarbeiten neben einer nahen Quelle am Talhang. Im Dorf mußten Räume für die Unterkunft des Grabungspersonals und zum Teil für weitere Laborzwecke gemietet und für die vorläufige Magazinierung der Funde ausgebaut werden.

Grabungsromantik und Entdeckerfieber mußten also zunächst notwendigen nüchternen Vorbereitungen weichen. Immer mehr gestalten sich heutzutage derartige Grabungen zu gemeinsamen Unternehmen zahlreicher, sehr verschiedener Fachdisziplinen, da es nicht möglich ist, daß alle Belange zu einer umfassenden wissenschaftlichen Dokumentation der Funde und der Fundverhältnisse ausschließlich vom Archäologen berücksichtigt und ausgewertet werden. Dazu ist er gar nicht in der Lage. Wir wollen am Beispiel von Bilzingsleben einmal darstellen, wie eine solche wissenschaftliche Kollektivarbeit aussieht.

Der Archäologe, der ein derartiges Objekt aus den frühesten Perioden menschlicher Entwicklung ausgraben will, muß eine gründliche naturwissenschaftliche Ausbildung besitzen, ohne die er dazu nicht befähigt wäre. Er darf keinesfalls nur den kulturhistorischen Aspekt im Auge haben; er muß vor allem mit Hilfe geologischer und paläontologischer Kenntnisse die jeweilige

Bei der Grabungsarbeit
Blick in die Grabungsfläche auf der Steinrinne. Lockere Basisschichten wurden im Steinbruch nicht mit abgebaut. Sie blieben unter dem Steinbruchschutt erhalten. Es sind weiße Seekalke und darunterliegende Bach-, Ufer- und Schwemmfächersande, die die Funde enthalten. In Planquadraten werden erst die Kalkschichten abgebaut, dann vorsichtig die Funde freigelegt.
Freilegung und Vermessung der Funde auf der Steinrinne

Fundsituation beurteilen können und wissen, wo bestimmte Proben zur geologischen Untersuchung der Fundschicht und angrenzender Horizonte oder zur Untersuchung von Fossilmaterial entnommen werden. Er darf nie vergessen, wo seine Kenntnisse nicht mehr ausreichen und verschiedene Spezialisten eingesetzt werden müssen.

Da sind Vermessungsarbeiten nötig, um topographische und geologische Karten der Fundstellenumgebung anzufertigen oder auch um die Grabungsfläche zu vermessen, da ist ein Planquadratnetz über die Fundstelle zu legen, sind Nivellements einzurichten. Deckschichten auf dem Fundhorizont werden manuell abgetragen, da sonst bei technischem Einsatz Teile der Fundschicht zerstört werden könnten. Nun wird die Fundschicht horizontal vorsichtig abgebaut und mit größter Sorgfalt Fundstück um Fundstück freigelegt. Dazu sind Fingerspitzengefühl und Kenntnis von Präparations- und Restaurierungsverfahren Bedingung. Den Spaten ersetzen bei solchen Arbeiten Präpariernadeln, Spatel, Pinsel, spezielle Häkchen, Kratzer, Pinzetten und zugeschnittene Modellierhölzchen. Alle Funde werden vermessen, fotografiert und in große Pläne maßstabgerecht eingezeichnet. Diese Pläne bilden später die wichtigste Unterlage der Funddokumentation. Fundstücke aus Knochen, Geweih und Zahnbein müssen oft schon beim Freilegen, im allgemeinen aber

Teil der freigelegten Uferplatte mit zahlreichen Knochenresten. Vorn links das große Fragment eines Beckenknochens vom Nashorn und die riesige Gelenkkugel eines Oberarms vom Elefanten, rechts daneben ein Geröllwerkzeug, eine Geweihsprosse und das Unterkieferfragment eines Nashorns. Oben rechts weitere Knochenstücke vom Nashorn, eine Geweihsprosse und ein Hiebgerät aus Travertin. Rechts außen zwei Spaltstücke von Elefantenrippen

Freilegung eines Nashornunterkiefers. Das Bild oben zeigt, wie ein verkehrt auf der Uferfläche liegender Unterkiefer eines großen Nashorns mit Hilfe von Präpariernadel und Pinsel vom umgebenden Sediment befreit wird. Nachdem er an der Luft getrocknet ist, wird er mit einem Speziallack getränkt und somit gefestigt (Bild Mitte). Nach einem weiteren Trocknungsprozeß kann ihn der glückliche Ausgräber schließlich vorsichtig herausnehmen (Bild unten).

Das gesamte Material der Fundschicht wird in feinen Sieben nach kleinen und kleinsten Fundstücken bis hinab zu Mäusezähnchen durchgesehen. Auf der Hand sind Feuersteinsplitter, Biber- und Bärenzähne zu sehen.

Die freigelegte Fläche wird in Gips eingebettet.

erst nach ihrem Abtrocknen an der Luft präpariert werden, da sie sonst beim Herausnehmen aus der Fundschicht zerfallen würden. Speziallacke als Tränkungsmittel kommen zum Einsatz; bestimmte Kleber dienen dazu, zerbrochene Stücke wieder originalgetreu zusammenzusetzen. Die endgültige Präparation wird dann später im Labor durchgeführt. Große Fundstücke, wie Extremitätenknochen von Großsäugern, bis 3,5 m lange Stoßzähne oder große Hirschgeweihe, können mit diesen Methoden nicht geborgen werden. Sie erhalten ein Gipsbett, das die Form der Stücke nach dem Originalbefund bis zur Präparation im Labor sichert, wo sie dann im Vakuumkessel mit Speziallack getränkt werden. Weniger schwierig ist die Bergung des Fundmaterials aus Stein und der kleineren Stücke, die man zum größten Teil erst auf dem Sieb findet. Um auch alle Funde, die in der Fundschicht lagern, zu bergen, wird diese auf einem Sieb mit nur einige Millimeter großen Maschen durchgesiebt oder im Wasser ausgeschlämmt.

Nun geht es nicht nur um die Bergung der Funde und die Dokumentation der entsprechenden Fundverhältnisse, sondern auch um die Beziehungen der Funde und des Fundhorizonts zu den geologischen Ablagerungen, in denen sich die Fundstücke befinden oder die in der näheren Umgebung vorkommen. Hier muß der Eiszeitgeologe spezielle Kartierungsarbeiten durchführen, Schichtprofile aufnehmen, dazu zahlreiche Schürfe anlegen, um einen Einblick in den speziellen Aufbau dieser geologischen Ablagerungen zu erhalten. Von Interesse ist auch die ehemalige Beschaffenheit und Gliederung der Landoberfläche. Also sind geomorphologische Untersuchungen des Fundstellengebietes notwendig. Der Bodenkundler muß die pedologischen Verhältnisse im fundführenden Schichtverband klären, der Sedimentologe die Entstehung und Zusammensetzung dieser Ablagerungen untersuchen, der Petrograph die Art der Gesteine bestimmen, die in den Ablagerungen vorkommen und aus denen die zur Geräteherstellung verwendeten Rohstoffe bestehen.

Ein Ausschnitt von der eben gezeigten Einbettung läßt die Fundstücke erkennen: In der Mitte liegt das große Stück eines Nashornoberschenkels, darüber der Oberkiefer eines Löwen mit mächtigem Eckzahn.

Um Fossilien für paläontologische Untersuchungen zu gewinnen, müssen viele hundert Kilogramm Sediment aus dem Fundhorizont und ihn begrenzenden Schichten an der nahen Hohnbornquelle in feinmaschigen Sieben geschlämmt werden. Hier wird auch ein Großteil der Funde gewaschen.

Eine wichtige Rolle spielen Untersuchungen zur Zeitstellung der Funde. Während der Geologe den Fundhorizont in ein schon bekanntes Schema des erdgeschichtlichen Ablaufes eingliedern kann, sollen weitere physikalische oder chemische Untersuchungen diese Zeitbestimmung absichern. So bestimmt also ein Physiker an Proben feinkörniger Ablagerungen, die in Beziehung zum Fundhorizont stehen, die Einregelung kleinster magnetisierbarer Teilchen. Sie haben sich bei der Sedimentation parallel zu den Feldlinien des Magnetfeldes der Erde eingeordnet. Dieses ist in seiner Lage nicht stabil, unterlag Veränderungen, und gewisse, in Sedimenten fixierte ehemalige Richtungen dieses Feldes, die dem heutigen gegenüber abweichen, können dem Paläomagnetiker Aufschluß über das Alter dieser Ablagerungen geben. Chemische Analysen von Restaminosäuren in den Tierknochen lassen sogar ungefähre Vorstellungen über das absolute Zeitmaß gewinnen, das die Gegenwart von diesen Funden trennt. Ähnliche Untersuchungen kann man mit Hilfe der Zerfallsprodukte von in Spuren im Kalkgestein erhaltenen radioaktiven Elementen, wie dem Ionium (Th^{230}), anstellen.

Wir wollen auch die ehemaligen Umweltbedingungen des fossilen Menschen kennenlernen, also die Klima- und Landschaftsverhältnisse zur Zeit der Fundschichtentstehung. Neben den Geologen sind es da besonders die Paläontologen, die sich mit den Resten ausgestorbenen Lebens befassen. Sie sind in der Lage, diese Verhältnisse zu rekonstruieren. Die Lebewesen waren Teil der menschlichen Umwelt. Aus dem Vorkommen einzelner wichtiger Tier- oder Pflanzenarten oder aus der Zusammensetzung der ehemaligen Lebensgemeinschaften kann man Einzelaspekte der Klima- und Landschaftsverhältnisse erkennen. Fundschicht und angrenzende Schichten auf der Steinrinne sind vollgestopft mit den Resten abgestorbenen Lebens: mit den Schalen von Schnekken, Muscheln und Muschelkrebsen, mit einzelnen Knochen oder Zähnen von Kleinwirbeltieren, wie Mäusen und Fröschen, oder von Fischen. Spuren von Insekten haben sich erhalten. Die

Sedimente bestehen z. T. aus den Skelettresten von niederen Pflanzen, so von Armleuchteralgen. Im Travertin sind Strukturen von Pflanzen erhalten geblieben, von Algen, Moosen, Gräsern, aber auch von Ästen, Baumstämmen und unzähligen Blättern höherer Pflanzen. Solche Fossilien werden in gezielt entnommenen Proben aufbereitet und von Spezialisten – Paläozoologen und Paläobotanikern – in oft mühsamer Bestimmungsarbeit untersucht. Selbst die Blütenstaubkörner, die Pollen höherer Pflanzen, können unter Umständen erhalten sein, werden aus dem Sediment isoliert und vom Pollenanalytiker hinsichtlich ehemaliger Vegetationsverhältnisse untersucht.

Der damalige Mensch hat ganz unbewußt an der Einbettung der Lebensgemeinschaften seiner Umwelt mitgeholfen, weil er die Skelettreste seiner Jagdbeute am Fundplatz zurückließ. Wirbeltierspezialisten können sie nun unter verschiedenen Aspekten untersuchen: einmal um Kenntnisse über die ehemalige Umwelt zu ergänzen, zum anderen aber, um etwas über die Ökonomie der Urzeitjäger zu erfahren.

Die Reste des Urmenschen selbst werden vom Paläoanthropologen in biologischer und phylogenetischer Hinsicht untersucht, wobei oft umständliche, zeitraubende Meßreihen und Vergleiche nötig sind.

Auch das archäologische Fundmaterial wird von verschiedenen Spezialisten ausgewertet: Es ist zu umfangreich, um von einem einzelnen bewältigt zu werden. Bei diesen Arbeiten sind Fragen der Kulturentwicklung, der ehemaligen ökonomischen und sozialen Verhältnisse entscheidende Aspekte.

Erst wenn zu einem ferneren Zeitpunkt alle Ergebnisse vorliegen, kann an ihre Synthese zu einem umfassenden Lebensbild jener frühen Menschen, die ihre Spuren bei Bilzingsleben hinterließen, gedacht werden. Die Auswertung solcher Spuren grenzt oft an die Untersuchungsverfahren von Kriminalisten. Dem kleinsten Hinweis muß nachgegangen werden, um im Entwurf eines Lebensbildes der damaligen Realität möglichst nahe zu kommen.

Alle diese Arbeiten und ihre Ergebnisse sind ohne die vielen begeisterten Helfer, die zur Ausgrabung kommen, nicht möglich. Ihr freiwilliger Einsatz während Urlaub oder Wochenende wird zur unschätzbaren Hilfe für den Forscher. Neben zahlreichen Aufgaben auf der Grabungsstelle bewältigen sie jene Arbeiten, die zur Aufbereitung des Fundmaterials notwendig und später an einem fertig präparierten Knochen, einer Karteikarte oder Tabelle nicht mehr zu erkennen sind. Sie dürfen nicht vergessen werden. Darunter fallen Aufgaben wie das Säubern, Zusammensetzen und Tränken von Funden, Beschriften der geordneten Fundstücke zu ihrer Inventarisierung oder das mühsame Auslesen von Fossilien unter dem Mikroskop.

Wir erleben, wie mühsam und aufwendig der Weg des Forschers ist. Manchem mag er nüchtern erscheinen, besonders, wenn wir an die zeitraubenden und eintönigen Arbeiten zur Gewinnung und Bestimmung von Fossilmaterial oder zur statistischen Untersuchung von mehreren tausend Fundstücken denken. Doch wir erleben auch, wie interessante, oft ganz unerwartete Funde und Beobachtungen zu Entdeckungen führen, die neue Bausteine zu Erkenntnissen sind, nach denen der Forscher strebt. Sie allein machen erst das Abenteuer der Reise in die Vergangenheit, die «Grabungsromantik» bis hin zum beschaulichen Ausklang eines anstrengenden Grabungstages am abendlichen Lagerfeuer, sinnvoll. So ist dem Forscher dieses Abenteuer der schönste Lohn für seinen körperlichen und geistigen Einsatz auf seinem Weg zur Erkenntnis.

Der Wissenschaftler muß sich bei derart seltenen Fundkomplexen wie Bilzingsleben bewußt sein, daß mit Entfernung eines jeden Kubikzentimeters Gestein bereits wichtige Details von Fundumständen der Beobachtung entgehen können und historische Werte zerstört werden. Er muß ständig prüfen, welche Untersuchungsmethoden eingesetzt werden müssen, um das zu verhindern. Es ist auch notwendig, alle Mitarbeiter von Zeit zu Zeit zur Beratung und Probenahme vor Ort zu versammeln.

Fundstücke wurden in ihrer Lage originalgetreu fixiert. Ein Mitarbeiter säubert die Gipsplatte und konserviert die Fundstücke.

DUOSAN
-RAPID
475112

Eiszeiten

Die Evolution hat den Menschen in eine geologische Epoche hineingeboren, die durch Klimaschwankungen gewaltigen Ausmaßes und rascher Aufeinanderfolge gekennzeichnet ist. Warm- und Kaltzeiten wechselten, riesige Gebiete der Kontinente wurden unter Gletschereis begraben. Nach mehreren tausend Kilometern Weg erreichten die skandinavischen Inlandeismassen, die im Ostseegebiet 3 bis 4 km, im Gebiet der Saalemündung noch 1 km Dicke besaßen, schließlich Thüringen und den Nordrand der Mittelgebirge. Der ganze Erdball war von diesen Änderungen betroffen, denn die Klimagürtel wanderten äquatorwärts oder von den Hochgebirgen in die Tiefländer; die tropisch-subtropischen Zonen wurden zusammengedrängt und die Waldgebiete zu savannenartigen Landschaften aufgelichtet. Am Ende einer Eiszeit bewirkte die Wiedererwärmung eine rückläufige Entwicklung dieser Vorgänge. Daß derart einschneidende globale Umweltveränderungen nicht ohne Einfluß auf die Entwicklung von Tier- und Pflanzenwelt blieben, liegt auf der Hand. Auch die Evolution des Menschen hat offensichtlich dadurch Impulse erhalten.
Der Urmensch von Bilzingsleben wurde indirekt von ihnen betroffen, da sie ihm nur während bestimmter Klimaphasen der wärmeren Intervalle zwischen den Eiszeiten den Aufenthalt in den gemäßigten Breiten ermöglichten.
Auf dem nebenstehenden Bild ist eine eiszeitliche Landschaft am Rande der großen nordeuropäischen Inlandeisfelder dargestellt, nachdem diese sich am weitesten nach Süden ausgedehnt und die Mittelgebirge erreicht hatten. Man blickt von Südosten auf den Eisrand irgendwo im Thüringer Becken. Die Höhenzüge sind unter Eis begraben und ragen nur noch an verschiedenen Stellen daraus hervor. Vor der Gletscherstirn sind Schuttwälle, die Endmoränen, aufgeschoben. Sie werden im Sommer von reißenden Gletscherbächen durchbrochen, die aus und unter dem Eis hervorströmen und sandige Schuttfächer, die Sander, aufschütten. Dann sammeln sich die Schmelzwässer in Becken und Tälern, um allgemein nach Westen und Nordwesten in breiten Urstromtälern abzufließen.

Das Zeitalter, das den Menschen hervorbrachte, stellt einen Ausnahmezustand dar, wenn wir es mit den Hunderte Millionen Jahre langen erdgeschichtlichen Abläufen davor vergleichen. Diese waren durch relativ gleichmäßige günstige Klimaverhältnisse mit nur geringen jahreszeitlichen Schwankungen und regionalen Differenzierungen gekennzeichnet. Doch im Abstand von 200 bis 250 Millionen Jahren wurde das Erdzeit-Normalklima von kurzen Perioden mit starken Klimaschwankungen unterbrochen. Durch Abkühlung führten diese zur Vereisung von ganzen Kontinenten. Man nannte die Perioden daher «Eiszeitalter». Die jüngste Epoche der Erdgeschichte stellt ein solches Eiszeitalter dar. Es begann vor etwa 2 bis 3 Millionen Jahren und fällt mit der Entwicklung des Menschen zusammen. In der vorangegangenen Epoche des Tertiärs kündigte ein allmähliches Absinken der Durchschnittstemperaturen auf der ganzen Erde über einen Zeitraum von 20 Millionen Jahren hin dieses Eiszeitalter an. Gleichzeitig entstand ein ausgeprägter jahreszeitlicher Klimawechsel, und es bildete sich eine regionale Gliederung der Erde in Klimagürtel aus. Die Pole begannen zu vereisen, und in zyklischen Wiederholungen sank die Temperatur so weit ab, daß sich diese Eisfelder weit über die Festländer ausdehnten und Hochgebirge unter Eis versanken. Ein Zusammenrücken der Klimagürtel zum Äquator sowie von den Hochgebirgszonen in die Tiefländer hin und ein Absinken des Weltmeeresspiegels um mehr als 100 m waren die Folge. Dabei wurde der günstigste Lebensraum für Tier- und Pflanzenwelt stark eingeengt. Schon zu Beginn dieser Vorgänge bildeten sich widerstandsfähige, kälteharte Arten aus, die jene neuen, ungünstigeren Lebensräume besiedelten und uns noch heute bekannt sind als Lebensgemeinschaften der Tundren und alpinen Bereiche. Ihr gegenwärtiges Vorkommen, das Vorhandensein von ausgeprägten Jahreszeiten und Klimazonen, von vergletscherten Hochgebirgen und vereisten Polkappen – etwa 15 Millionen km^2 der Erde sind noch unter Eis – beweisen, daß die Epoche des quartären Eiszeitalters noch nicht abgeschlossen ist. Mindestens acht- oder neunmal wiederholten sich während des Eiszeitalters diese Vorgänge. Sie lassen erkennen, daß sie um so stärker wirksam waren, je jünger sie sind. Deshalb verursachten sie in den letzten drei Kaltzeiten umfangreiche Kontinent- und Gebirgsvergletscherungen, vor allem auf der nördlichen Halbkugel in Eurasien und Nordamerika. Maximal waren jeweils 45 Millionen km^2 der Erdoberfläche mit etwa 3000 bis 4000 m mächtigen Inlandeisfeldern bedeckt. Der Ozean rings um die vergletscherte Antarktis trug wie das nördliche Eismeer ausgedehnte Packeisfelder. Derartige Vereisungen konnten nur bei allgemein stark absinkenden Durchschnittstemperaturen entstehen. Im gemäßigten Klimagebiet betrug die Temperaturdepression 15 °C.

In den Warmzeiten war Europa von ausgedehnten Laubmischwäldern bedeckt. Hier das Blatt einer wärmeliebenden Eiche aus einem thüringischen Travertin (Ehringsdorf).

Unter warmzeitlichen Verhältnissen mit gemäßigtem Klima wird Europa im wesentlichen von Waldlandschaften bedeckt. Die polare bzw. alpine Baumgrenze berührt gerade noch die nördlichsten Teile von Skandinavien oder ist hoch in die Gebirge gerückt. Von Südosten her reicht ein Keil trockener, kontinental beeinflußter Steppen nur bis ins Donaugebiet.
Gletscher in den Hochgebirgen (Norwegen, Alpen, Kaukasus) wurden nicht dargestellt.

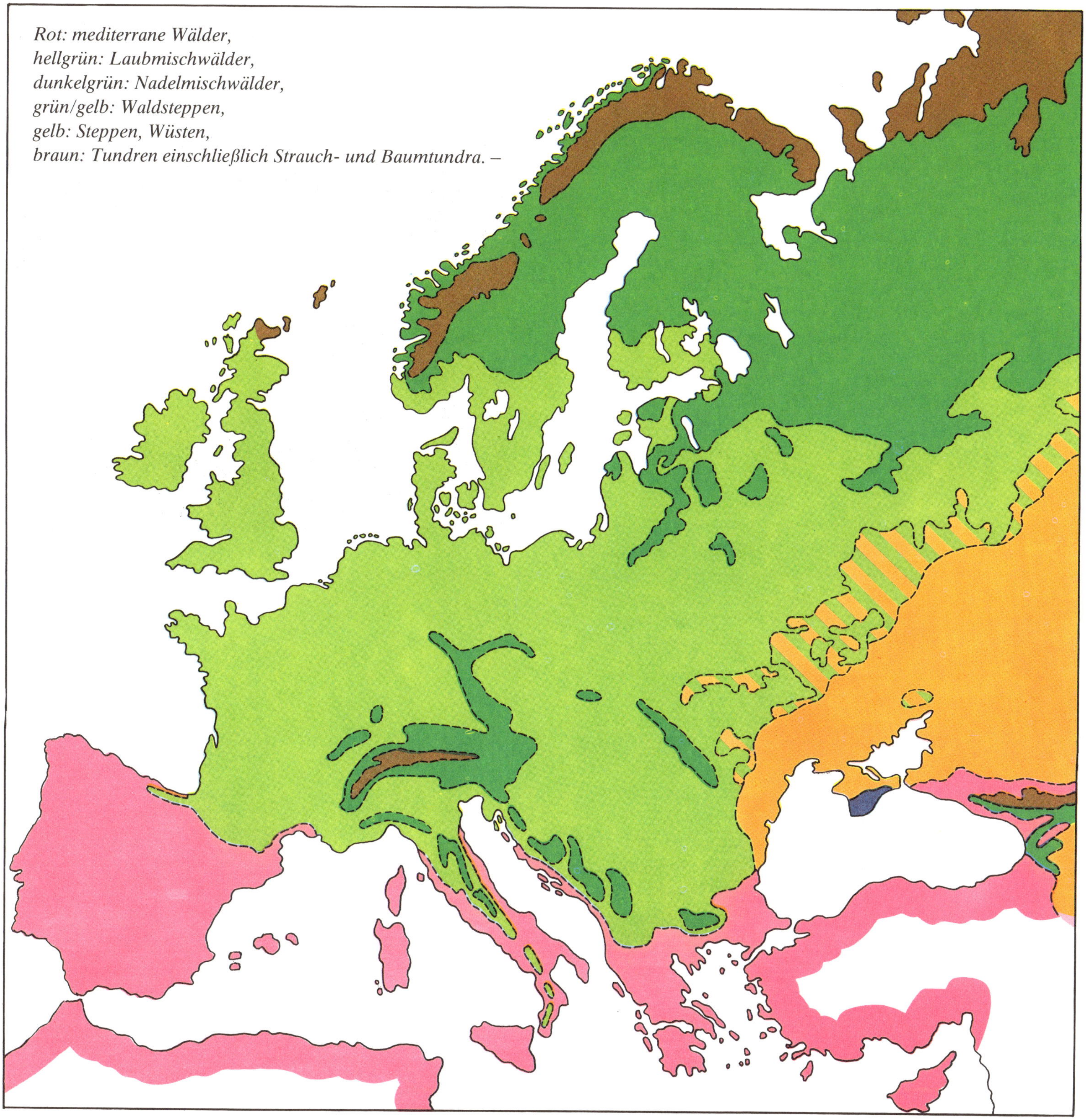
Rot: mediterrane Wälder,
hellgrün: Laubmischwälder,
dunkelgrün: Nadelmischwälder,
grün/gelb: Waldsteppen,
gelb: Steppen, Wüsten,
braun: Tundren einschließlich Strauch- und Baumtundra. –

Die jährlichen Temperaturmittel lagen unter –4 °C, die polare Baumgrenze war bis in das nördliche Mittelmeergebiet verdrängt!

Die Entstehung und anfängliche Entwicklung des Menschen beschränkte sich auf die tropischen und subtropischen Klimagebiete der Alten Welt. Zweifellos wirkten sich aber bald auch auf ihn die geschilderten eiszeitlichen Vorgänge aus, wiederholt durch Einengung seines Lebensraumes, dann sicher auch durch Veränderung seiner Umweltbedingungen. Wir können bei dem ungezielt ablaufenden Evolutionsgeschehen nicht behaupten, daß es erst des Anstoßes der eiszeitlichen Umweltveränderungen bedurft hätte, um den Menschen hervorzubringen. Zweifellos haben sich aber diese Veränderungen auf die menschliche Evolution als Zusammenspiel von ungezielter Mutation und natürlicher Selektion passiv ausgewirkt, z. B. im Angebot offener Landschaften als weitere Lebensräume oder im Angebot neuer Umweltbedingungen als Reizsituationen für die Herausbildung der typisch menschlichen Eigenschaften und dadurch als beschleunigender Faktor in der Evolution. Eine wesentliche Folgeerscheinung der eiszeitlichen Umweltveränderungen waren Änderungen im Nahrungsangebot. Unter tropischen Bedingungen ist durchaus genügend pflanzliche Kost für den Menschen vorhanden. In den offenen Landschaften der kühleren Klimagebiete reicht diese nicht mehr aus. Hier wird die – allerdings viel hochwertigere – Fleischkost zur Voraussetzung. Die eiszeitlichen Landschaften boten eine an pflanzenfressenden Säugern reiche Umwelt. Die Jagd auf solches Wild wurde zur Grundbedingung für eine Existenz in diesen Gebieten. Der Übergang von einer anfänglichen Neigung des frühen Menschen, tierisches Eiweiß und Fett zu sich zu nehmen, zur aktiven Jagd hängt mit einer grundlegenden Änderung seiner Lebensweise in der offenen Landschaft zusammen. Ein Jagderfolg in der offenen Landschaft ist nur rationell bei gemeinschaftlicher Jagd auf größeres Wild. Allmählich paßte sich der Mensch an diese Umweltbedingungen an und erlernte das kooperative Jagen, ein für die Geschichte der Evolution ganz bedeutsamer Wechsel im Verhalten zum Nahrungserwerb. Erst damit vermochte es der Mensch, die ungünstigen Verhältnisse in den eiszeitlichen Landschaften und die immer stärker werdenden Klimaschwankungen zu überstehen. Dieser Wandel schuf zahlreiche technologische und ökonomische Veränderungen. Er führte zur Herausbildung weiterer psychischer und sozialer Eigenschaften. Wir erkennen, wie die menschliche Entwicklung und der Wandel der Umweltverhältnisse in Wechselbeziehung standen.

Der erdgeschichtliche Ablauf des quartären Eiszeitalters vermittelt uns aber nicht nur die Kenntnis der ehemaligen Umweltverhältnisse und ihrer Entwicklung in den verschiedenen Klimazonen der Erde, er ist auch von grundlegender Bedeutung für die

In den Kaltzeiten war das nördliche Europa wiederholt von riesigen Inlandeisdecken überzogen. Zeugen sind ortsfremde Gesteine aus dem Grundschutt des Eises. Hier ein Granitfindling aus Thüringen, der seine Heimat in Schweden hat.

Unter kaltzeitlichen Verhältnissen, die zu einer Temperaturabsenkung um 10 bis 15 °C führten, bildeten sich riesige Inlandeisfelder in Skandinavien und Vorlandvergletscherungen in den Alpen. Die skandinavischen Gletscher rückten bis an die Mittelgebirge vor. Da Wasser in Form von Eis und Schnee auf dem Festland gebunden wurde, sank der Weltmeeresspiegel um 80 bis 120 m ab und legte einen Teil des Schelfes frei. Europas Umrisse erhielten eine andere Konfiguration. Die Klimazonen wanderten weit nach Süden. Die polare Baumgrenze befand sich im nördlichen Mittelmeergebiet. Zwischen ihr und dem Inlandeis dehnten sich weite Kältesteppen mit Lößanwehungen, Tundren und Frostschuttwüsten aus. Die trockene Lößsteppe reichte von Innerasien bis an die Atlantikküste.

Rot: mediterrane Wälder,
hellgrün: Laubmischwälder,
dunkelgrün: Nadelmischwälder, Parktaiga,
grün/gelb: Waldsteppe,
gelb: Lößsteppe, Steppe, Wüste,
braun: Tundren einschließlich Strauch- und Baumtundra
sowie Frostschuttwüste,
weiß: Landeis,
blau: Meereis.

chronologische Einordnung der Funde. Der Wechsel von Kalt- und Warmzeiten bildet das chronologische Grundgerüst des Eiszeitalters. Unsere Fundstelle bei Bilzingsleben liegt in einem klassischen Gebiet der Eiszeitforschung. Hier konnte der Ablauf des Eiszeitalters von mehreren Forschergenerationen geklärt werden, so daß eine Einordnung der Fundstelle gut möglich ist. Diese Landschaft nördlich der Mittelgebirge wurde noch von den nordeuropäischen Vereisungen erreicht. Benannt nach charakteristischen Flüssen im südlichen Randgebiet der Vereisungen, heißen sie Elster-, Saale- und Weichselvereisung und die betreffenden Phasen Elster-, Saale- und Weichselkaltzeit. Mehrere ältere Kaltzeiten führten zu weniger umfangreichen Vergletscherungen. Ihre Spuren sind im nordeuropäischen Vereisungsgebiet nicht, wie beispielsweise in den Alpen, erhalten geblieben. Sie können nur an Hand kaltklimatischer geologischer und geomorphologischer Zeugen nachgewiesen werden, die auf die ehemalige Existenz von Tundren und Steppen im heutigen Mitteleuropa schließen lassen. Uns interessieren hier der mittlere und jüngere Abschnitt des Eiszeitalters, denn erst kurz vor und nach der ersten großen Vergletscherung Nordeuropas, der Elstervereisung, taucht der Mensch in den mittleren gemäßigten Breiten auf. Das Inlandeis dieser Eiszeit erreichte vor etwa 450000 bis 500000 Jahren den Nordrand der Mittelgebirge und bildete

Die Steinbruchwand auf der Steinrinne zeigt die geologische Schichtenfolge: Zuunterst liegen Travertinsande mit den altsteinzeitlichen Funden, darüber ein 50 cm mächtiger Seekalk, über diesem aber die 3 bis 6 m mächtige Travertinplatte.

Inschriften an den Gebäuden – hier an der Kirche – oder die Stadtmauer von Kindelbrück bezeugen, daß schon seit Jahrhunderten der Travertin auf der Steinrinne bei Bilzingsleben als begehrter Baustein gebrochen wurde.

hier zahlreiche Gletscherzungen, die in die Täler und Beckenlandschaften vordrangen, so auch ins Thüringer Becken. Charakteristische Ablagerungen dieser Gletscher, wie Grundmoränen, Schmelzwassersande und Bändertone, die in Eisstauseen vor den Gletscherstirnen entstanden, lassen ihre Ausdehnung erkennen. Auch über die Umgebung von Bilzingsleben glitten noch die elstereiszeitlichen Gletscher hinweg. Erst 35 km weiter südlich hielten Vorberge des Thüringer Waldes sie auf. Die Travertine mit dem Fundhorizont der Steinrinne liegen auf einem Niveau, das nach der Zerstörung und Abtragung der elstereiszeitlichen Oberfläche entstand. Damit sind sie einschließlich der paläolithischen Funde jünger als die Elstervereisung. Die Gletscher versperrten die alten Flußtäler, Schmelzwässer verschütteten sie. Beim Abschmelzen und Zerfall des Eises waren die Flüsse gezwungen, neue Wege zu suchen. Oft folgten sie von abfließenden Schmelzwässern tief ausgewaschenen neuen Gerinnen, genauso auch die Wipper bei Bilzingsleben. Ihr ehemaliges Tal war von 25 m mächtigen Stauseesedimenten verstopft worden. Die Schmelzwässer flossen deshalb nach Süden ab. Dabei entstand jenes Tal, in dem sich die Travertine der Steinrinne bildeten. Sie gehören bereits in eine Warmzeit, die der Elstereiszeit folgte, die «Holstein-Warmzeit». Die zweite Vereisung Nordeuropas während der Saaleeiszeit, die die Holsteinwarmzeit ablöste, erreichte

Nicht weit von der Steinrinne liegt heute am Rand der Wipperaue eine starke Quelle, das Gründelsloch bei Kindelbrück. Auch sie geht auf jenes System von Spalten und Verwerfungen zurück, das als Grundwasserleiter vor 350000 Jahren die Quelle auf der Steinrinne speiste.

Das aus einem Karstschlot in einem Erdfall aufsteigende Wasser des Gründelsloches ist mit gelöstem Kalk beladen, der als Travertinsand am Grund der Quelle oder in Form feiner Sinterkrusten an emporflutenden Algen ausgeschieden wird.

Das Ergebnis der Kalkausscheidung in den Quellen und Quellabflüssen sind feste Travertine, z. B. Moostravertine, die noch feinste Pflanzenstrukturen erkennen lassen.

Thüringen nicht mehr. Ihre Gletscher endeten etwa 30 km nordöstlich von Bilzingsleben.

Diese eindeutigen Feststellungen gestatten uns, das Alter der Funde von der Steinrinne auf etwa 350000 Jahre festzulegen.

Ein eiszeitlicher Klimazyklus, der von einer Warmzeit über eine Eiszeit bis zur nächsten Warmzeit verlief, dauerte durchschnittlich 150000 Jahre. In Mitteleuropa führten die Warmzeiten zu etwa ähnlichen Klimaverhältnissen wie heute. Während der Kalt- oder Eiszeiten aber wanderten über dieses Gebiet alle Klimabereiche der warmgemäßigten Zone bis zur Frostschutt-Tundra beziehungsweise Polarwüste von Nord nach Süd hinweg, und es wurde, wie wir sahen, zuletzt auch noch vom Inlandeis erreicht. Der Aufbau des Eises nahm die längste Zeit eines solchen Zyklus in Anspruch. Nach dem Überschreiten des kalttrockenen Tiefpunktes und dem Umschlag des Klimas zur Wiedererwärmung folgten eine relativ kurze, nur einige Jahrtausende dauernde Abschmelz- und Zerfallsphase des Inlandeises und ein schnelles Zurückwandern der verschiedenen Klimazonen. Etwa 15000 Jahre nach dem klimatischen Tiefstand war dann das nächste warmzeitliche Optimum mit warmfeuchten Verhältnissen erreicht. Diese zyklische Entwicklung verlief natürlich nicht kontinuierlich, sondern jeweils über zahlreiche kürzere untergeordnete Klimaschwankungen ab. Stabilere Verhältnisse wiesen lediglich die im Vergleich zu den Kaltzeiten relativ kurzen Warmzeiten auf. Nur unter den warmklimatischen Bedingungen traten im gemäßigten Klimagürtel zögernd die ersten Menschen auf. Sobald sich hier das Klima verschlechterte, verschwanden sie wieder in südlichere Breiten. Erst Jahrhunderttausende später, ganz allmählich während der Saaleeiszeit, in zunehmendem Maße dann während der letzten Eiszeit, der Weichseleiszeit, paßten sie sich aktiv auch an die kaltzeitlich geprägte, wesentlich ungünstigere Umwelt der Waldsteppen, Steppen und Tundren an.

Die Fundumstände auf der Steinrinne lassen erkennen, daß sich auch der Bilzingslebener Urmensch unter warmzeitlichen Klimaverhältnissen im nördlichen Mitteleuropa aufhielt. Nicht nur die Ablagerungen, die die Funde enthalten, vor allem die fossilen Tier- und Pflanzengemeinschaften darin, weisen auf solche Verhältnisse hin. Die Fundschicht besteht aus Travertinsand, auf dem ein weißer Seekalk lagert. Dieser Sand war einst ein Schwemmkegel, den ein Quellbach in ein stehendes Gewässer, einen etwa 200 mal 300 m großen See, eingeschüttet hat. Der See verlandete, es entstanden sumpfige, mit Röhricht und Weidengebüsch durchsetzte Wiesen, in denen dann in vollem Umfange die Bildung der mächtigen Travertinplatte einsetzte, die heute Fundhorizont und Seeablagerungen bedeckt.

Travertine sind Kalkausscheidungen aus kalkhaltigen Quell-, Bach- und Seewässern, deren Bildung vor allem unter warmtrockenen Klimaverhältnissen vor sich geht, wie es uns heute die umfangreichen Travertinvorkommen auf dem Balkan, in Kleinasien und Vorderasien zeigen. Die Niederschlagswässer dringen an Haarrissen, Klüften, Spalten und Schichtfugen in das Kalkgebirge ein – in der Umgebung von Bilzingsleben war es der thüringische Muschelkalk – und lösen mit Hilfe des vom Regenwasser aus der Luft aufgenommenen Kohlendioxids das stabile Karbonat. Es entsteht das lösliche Bikarbonat, das, im Grund- und Bodenwasser gelöst, weggeführt wird. Im Quellwasser gelangt es an die Erdoberfläche. Grundwasser steht unter Spannungen. Beim Austritt in der Quelle wird es davon entlastet. Das bedeutet aber, daß das Quellwasser entgast. Kohlendioxid entweicht, ein Vorgang, der noch durch Erwärmung des Wassers und Verdunstung beschleunigt wird. Die Folge des Kohlendioxidentzugs ist die Ausscheidung von festem Kalziumkarbonat aus dem Kalziumbikarbonat. So entstehen bereits in der Quelle Kalkausscheidungen in Form von Sinterkrusten, die den Quellgrund, Gerölle und Pflanzenteile überziehen. Im abfließenden Quellbach wird dann besonders dort Kalk ausgeschieden, wo der Verdunstungseffekt bei turbulentem Fließen oder durch verspritztes Wasser an Katarakten und Stufen

So ähnlich können das Mündungsgebiet des Quellbaches am Bilzingslebener See und seine Umgebung ausgesehen haben. Der Bach verzweigte sich am flachen Ufer in mehrere Arme, zwischen diesen dehnte sich der aus Travertinsand bestehende Schwemmfächer aus. Links ist die nur leicht ansteigende, ebenfalls mit Sand bedeckte Uferplatte zu sehen. Erst weiter ab vom feuchten Ufer, auf höherem, trockenem Platze am Fuße des Talhanges mögen Lager und Feuerstellen errichtet worden sein. Halbwüchsige sind damit beschäftigt, in den Hinterhalt getriebene kleinere Fische zu fangen. Es ist auch möglich, daß der Bachlauf kürzer war, das heißt die Quelle näher am See lag. Ihr Wasser kann dann auch über steilere Travertinkaskaden zum See abgeflossen sein.

verstärkt wird. Außerdem erwärmt sich das Wasser weiter durch Reibung bei Turbulenz. An solchen Stellen bilden sich kleine Travertinbarren mit kaskadenartigen Überläufen, die ständig durch Kalkausscheidungen aufgehöht werden und schließlich zu einer breiten, viele Meter hohen Staustufe zusammenwachsen können. Auf dem Überlauf einer solchen Travertinbarre entstehen zahlreiche Mikrokaskaden mit kleinen Staubecken dahinter. Das Seebecken der Steinrinne wurde wahrscheinlich durch eine derartige Travertinkaskade am Überlauf aufgestaut. Die Kalkausscheidung wird noch weiter verstärkt, wo Wasserpflanzen durch Assimilation dem Wasser das Kohlendioxid entziehen. Andere Travertinbildungen sind schalig an Kristallisationskeimen im fließenden Wasser ausgeschiedener Travertinsand oder Travertinkies – aus ihnen besteht der Schwemmfächer mit der Fundschicht. Im sumpfigen Milieu oder in stehenden flachen Gewässern scheidet sich der Kalk an Pflanzenteilen ab – so an Moosen, Gräsern, Schilf und zusammengeschwemmten Pflanzenteilen, wie Genisten und Laub – und bildet poröse bis sehr feste Travertinbänke. Auf ihnen fließt das Wasser über Rieselfelder, Rinnsale, kleine Staubecken und Tümpel ab. Hier siedeln sich kalkliebende Moose und Blaualgen an, die die Kalkausscheidung verstärken. Das hier wuchernde Röhricht und Weidengebüsch, die sumpfigen Wiesen und sogar Baumgruppen werden in ihren pflanzlichen Strukturen durch die konservierende Kalkausscheidung im Travertin erhalten. Aus derartigen Travertinvarietäten – also Quell-, Bach-, Sumpf- und Seekalken – baut sich die Travertinplatte der Steinrinne bei Bilzingsleben auf. Ihr Bildungsraum und -verlauf dürfte so ähnlich ausgesehen haben.

Diese Bachmündung am See war wohl ein idealer Aufenthaltsplatz des Urmenschen. Seine Spuren und die Reste seiner Kultur wurden von uns nicht nur in den wieder freigelegten Bachrinnen oder im Schwemmfächer der Bachmündung gefunden, sie ließen sich auch noch mehr oder weniger primär auf der angrenzenden Uferplatte durch die Grabung nachweisen. Die großen Fundstücke im Schwemmfächer, die unmöglich vom Bach transportiert worden sein konnten, deuten darauf hin, daß sich die Urmenschen auch auf trockenen Sandbänken in unmittelbarer Nähe des Wassers aufgehalten haben.

Wir erkennen, daß sich bereits aus den geologischen Untersuchungen der Fundschicht und benachbarter Ablagerungen wesentliche Angaben über die unmittelbare Umwelt des Aufenthaltsortes des Menschen vor 350000 Jahren ermitteln lassen.

Eines allerdings ist sehr auffällig und zunächst unverständlich: Diese Seeablagerungen mit dem Fundhorizont liegen heute 30 bis 35 m über der Flußaue und bilden die Hochfläche eines vom Hinterland isolierten Berges. Auch hier können geologische Untersuchungen des Eiszeitforschers die Erklärung bringen: Die Travertinbildungen lagern auf Flußschottern der Wipper und deuten auf einen älteren Talboden hin. Weitere Schottervorkommen in der gleichen Höhe an den Talhängen oder dem Rande des Wippertales lassen sogar den Verlauf dieses alten Tales rekonstruieren. Tiefer am Hang befinden sich weitere Schottervorkommen, die wiederum zu anderen Talböden gehören. Wir stehen hier dem Phänomen von zusammenwirkenden geologischen Erscheinungen gegenüber, die wir Abtragung und Aufschotterung nennen. Phasen von Talbildung mit Anhäufung von Schottermaterial durch den Fluß wechselten mit Phasen, während derer der Fluß sich einschnitt, seinen Talboden bis auf Reste zerstörte und einen neuen, tiefer liegenden Talboden schuf. Zur gleichen Zeit wurden in der Nachbarschaft des Tales die Nebengerinne vertieft und die Ränder der Hochflächen abgetragen, so daß sogar oft die Hänge der ehemaligen Täler verschwanden. Solche Vorgänge, durch den eiszeitlichen Klimawechsel gesteuert, haben auch im Falle der Steinrinne bei Bilzingsleben das Wippertal in mehreren Phasen vertieft und dabei die alten Talböden zerstört. Daß die Flußkiese auf der Steinrinne vor der endgültigen Abtragung verschont blieben, haben diese der Widerstandsfähigkeit der sie bedeckenden Travertinplatte zu verdanken – ein Umstand, der auch die Sedimente des Fundhorizontes bis auf den heutigen Tag erhielt.

Dieser Exkurs in die Eiszeitgeologie und Erdgeschichte der jüngsten geologischen Epoche kann natürlich unmöglich alle dabei auftretenden Probleme erläutern. Zahlreiche andere Fundstellen altsteinzeitlicher Objekte oder gar fossiler Menschen stellen uns vor ganz andere Fragen. Das wäre schon der Fall, hätten wir es nicht mit Freilandstationen an ehemaligen Gewässern, wie bei Bilzingsleben, sondern mit Höhlenfundstellen zu tun. Aber am Beispiel der Fundstelle bei Bilzingsleben müssen wir grundsätzlich die Bedeutung der geologischen Arbeit bei der Fahndung nach den ersten Menschen hervorheben, ohne die zahlreiche Zusammenhänge zwischen erdgeschichtlichen Prozessen und der Entwicklung des Menschen nicht geklärt werden könnten.

Der Urmensch von Bilzingsleben

Zunächst mag für viele die «Begegnung mit dem Urmenschen» weniger aufregend erscheinen und der abenteuerlichen Note völlig entbehren – sehen wir nur die spärlichen Knochenstücke, die dann irgendwo in der Fundschicht unter anderen Splittern entdeckt werden und als menschlich zu klassifizieren sind! Auch die zahllosen Steinsplitter, Nahrungsabfälle, kleineren Steinwerkzeuge, angeschlagenen großen Gerölle oder sonstigen Spuren menschlicher Tätigkeit im Boden können vorerst wenig aussagen, es sei denn, ein riesiger Stoßzahn, ein großes Hirschgeweih oder ein gut erhaltener Nashornkiefer wurden freigelegt. Bei derartigen Ausgrabungen sind nicht nur allgemeines, umfassendes naturwissenschaftliches wie historisches Verständnis nötig, darüber hinaus auch ein geradezu phantasievolles Vorstellungsvermögen, das allein erst solche Funde zum Leben erweckt und zu einer Begegnung werden läßt. Allerdings müssen der Phantasie wissenschaftliche Zügel angelegt werden: Auch die Spekulation muß immer noch im Rahmen der Begründbarkeit bleiben!
So ist es auch hier bei unserer Vorstellung über Gestalt, Verhalten und Umgebung der frühen Menschen von der Steinrinne bei Bilzingsleben. Ihr Leben hat nicht nur aus dramatischen Jagdabenteuern oder ausschließlich ernster Arbeit bestanden – obwohl gerade das aus ihrem spärlich im Boden erhaltenen Kulturgut erschlossen werden kann. Gewiß hat sich die kleine Gemeinschaft bei mittäglicher Hitze oder nach einem ordentlichen Fleischmahl auch der Ruhe und Rast hingegeben, einige noch am schwelenden Lagerfeuer, andere im Schatten von hohen Uferbäumen, unter denen vielleicht auch primitive Behausungen als Zweig- und Grashütten oder mit Tierhautüberspannungen errichtet waren. Aber einige Jungen tollen umher; und die Unrast eines Halbwüchsigen läßt diesen sich mit einem Hirschgeweih beschäftigen, das er zuvor beim Umherstreifen in der Umgebung des Lagers gefunden hat.

Wir standen ihm gegenüber, wir sahen ihm gleichsam in die Augen, als wir ein neu entdecktes Schädelstück als menschlich identifizieren konnten und an diesem eine flache Stirn, einen mächtigen Überaugenwulst und die beiden Augenhöhlen erkannten! Jetzt hatten wir persönlichen Kontakt mit ihm! Seine Physiognomie erstand vor uns; aus wissenschaftlichen Vorstellungen holte rege Phantasie eine versunkene Welt zurück, die uns nun nicht mehr als Kulisse erschien, sondern bevölkert werden konnte mit uns zwar sehr ähnlichen, aber in bestimmten Details, wie gerade dem Gesicht, doch noch recht fremdartigen menschlichen Wesen. Die Funde, die wir täglich bei den Grabungsarbeiten auf der Steinrinne in Händen hatten, waren nun nicht mehr anonym, sie bekamen wieder Leben. Nachdenklicher als zuvor hielten wir jetzt oft die kleinen, exakt zugerichteten Feuersteinwerkzeuge

Hinterhauptsstück des Menschen von Bilzingsleben von hinten (links)
und innen. Es besteht aus zwei Stücken, die, etwa 3 m voneinander entfernt, in einer Bachrinne lagen, und ist 115 mm breit.

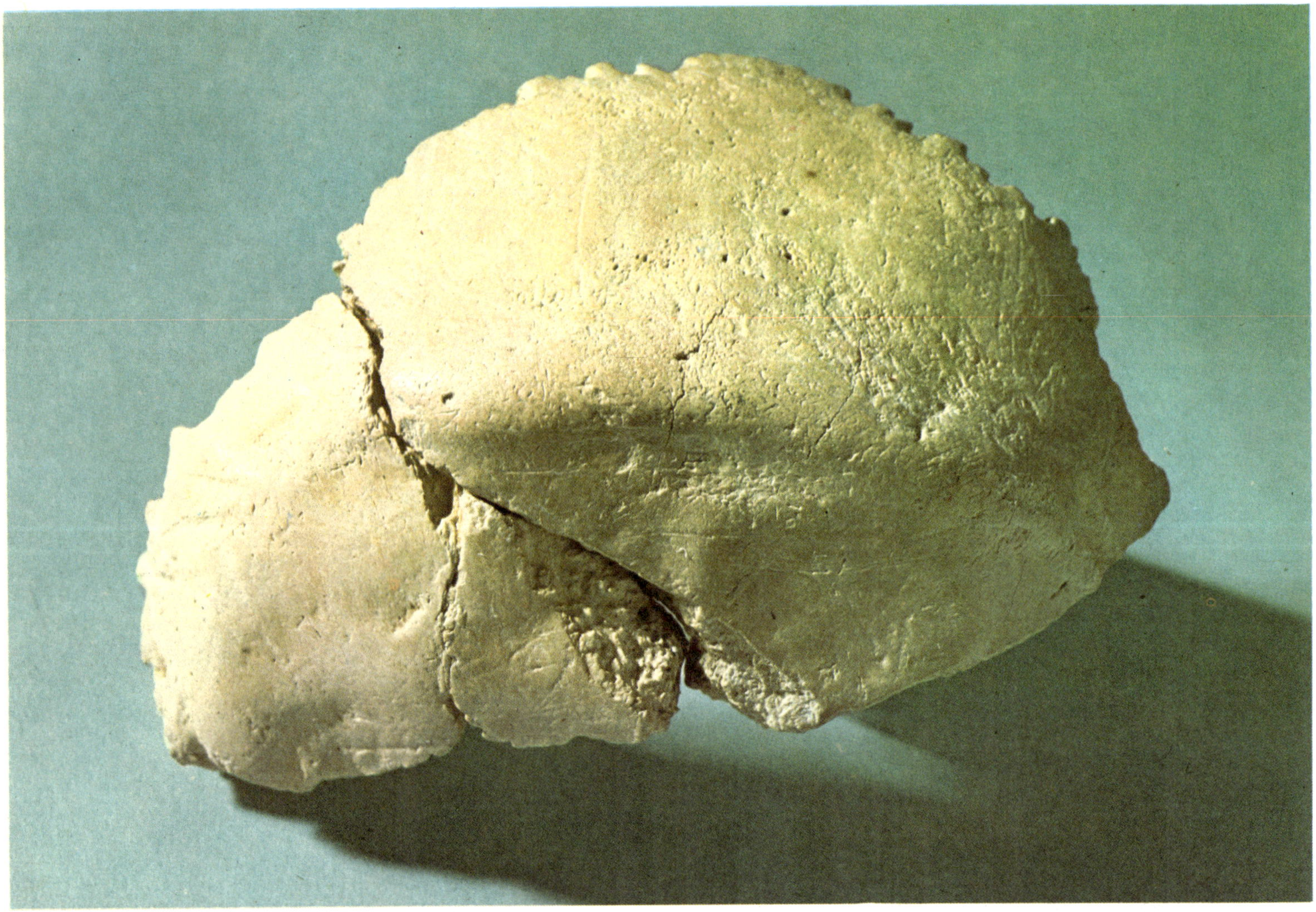

zwischen den Fingern und überlegten, was die braunen, sehnigen Hände jener Wesen wohl damit getan und was sie wohl dabei hinter den flachen Stirnen mit den zusammengezogenen Augenbrauen gedacht haben könnten.

Die ersten gefundenen Schädelstücke waren zwei Fragmente der Hinterhauptsschuppe, die sich zu einem großen Stück eines Schädelknochens zusammensetzen ließen. Sie brachten Aufregung und Belohnung genug! Aber wieviel eigenartiger ist es, einen Teil der Gesichtspartie des fossilen Menschen aufzufinden und sich ihm damit Auge in Auge gegenüberzusehen! Der Moment dieser Entdeckung, dieses Erkennens, äußert sich als Überwältigung des glücklichen Finders, mit starkem Herzklopfen bis in den Hals, mit Schwächegefühl im Magen.

Alles das, was uns vorher bei nüchterner wissenschaftlicher Untersuchung nacktes, totes Objekt war, wird geheimnisvolles, lebendiges Zeugnis, ist personifizierbar, kann dem einen oder anderen Individuum zugewiesen werden und tritt dadurch in viel engere Beziehungen zu uns als bisher.

Fünf Schädelstücke und ein Zahn des Bilzingslebener Urmenschen liegen bis heute vor: die beiden schon genannten Teile einer Hinterhauptsschuppe, zwei Bruchstücke vom Stirnbein, ein Bruchstück vom rechten Scheitelbein und ein Backenzahn aus der rechten Oberkieferhälfte. Diese Teile stammen vielleicht von zwei Individuen. Daß wir nur Einzelstücke und nicht erhaltene Schädel fanden, kann verschiedene Ursachen haben: Es ist denkbar, daß das eine oder andere Mitglied der Horde am Rastplatz starb und von den abziehenden Jägern zurückgelassen wurde. Bestattung kannte man noch nicht. Das von den Abfällen der

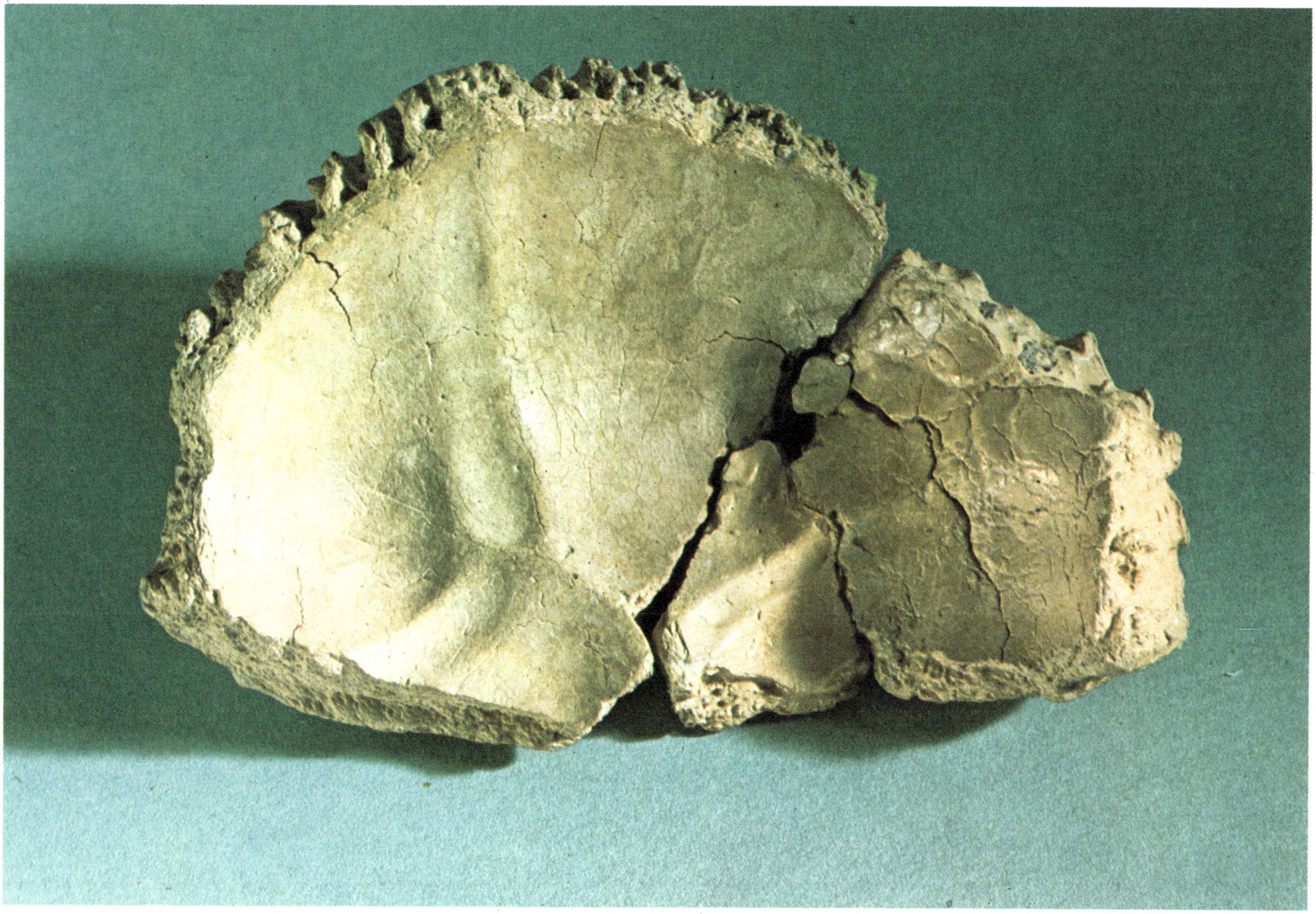

Jagdbeute angelockte Raubwild zerfetzte auch den Leichnam, dessen Knochen, weiterhin der Verwitterung ausgesetzt, zerfielen und schließlich vom Bach in den Schwemmfächer transportiert wurden. Aber auch Kannibalismus, wie er zur gleichen Zeit vom Sinanthropus in den Höhlen bei Choukoutien geübt wurde, kann Ursache gewesen sein. Dieser Kannibalismus wird verschieden interpretiert. Wir möchten uns der Meinung anschließen, daß hier der Beginn eines ganz frühen Ahnenkultes vorliegt. Es werden bestimmte Teile des Verstorbenen aufgegessen, um seinen Wert der Gemeinschaft zu erhalten. Bei dieser Art von Kannibalismus, der Patrophagie, wird meist das Gehirn entnommen und verspeist. Um heranzugelangen, muß die Schädelkapsel gewaltsam geöffnet werden, wobei große Teile des Schädels zertrümmert werden. Die Teile geraten unter die anderen Abfälle der Jagdbeute und mit ihnen in die Fundschicht. Daß eventuell auch bei Bilzingsleben Kannibalismus geübt wurde, deuten einige parallel verlaufende Schnittlinien unterhalb des Hinterhauptswulstes an. Dort ist die Nackenmuskulatur befestigt, und wahrscheinlich sind es Spuren von Feuersteinmessern, mit denen man diese Muskulatur abtrennte.

Stirnbeinfragment des Menschen von Bilzingsleben von vorn (rechts)
und innen. Das Stück ist 68 mm breit.

Die sechs Reste des «Bilzingslebeners» stellen recht spärliche Überbleibsel dar, wenn wir sie mit den reichen Hominiden-Funden von Choukoutien vergleichen. Aber es handelt sich um zwei wichtige Partien des Schädels, um Stirnbein und Hinterhauptsschuppe, deren Form und Oberflächenstruktur genau die Form des ursprünglichen Schädels rekonstruieren lassen. Nach diesen Merkmalen steht der Bilzingslebener Urmensch gleichfalls als ein Homo erectus vor uns.

Sein Schädel war relativ flach und weit nach hinten gestreckt. Die niedrige Stirn entsprang einem mächtigen, etwa 3 cm weit vorgewölbten Überaugenwulst, der über der Nasenwurzel keine Unterbrechung erkennen ließ. Dicht dahinter war der Schädel an den Seiten stark eingeschnürt. Das Hinterhaupt wurde durch einen deutlichen Knick in eine niedrige steile Oberschuppe und eine flach und eben zur Schädelbasis verlaufende Unterschuppe gegliedert. Die Robustheit des Schädels unterstrich noch ein kräftiger Querwulst auf dem Hinterhaupt. Insgesamt waren alle Schädelknochen sehr dick und massiv. Verglichen mit anderen Schädeln des Homo erectus, ist für den Bilzingslebener ein Hirnvolumen von etwa 1100 cm^3 zu errechnen.

Alle anderen Merkmale können wir nur allgemein von den schon bekannten, dem Bilzingslebener ähnlichen Formen des Homo erectus übertragen. Vergleiche zeigten, daß die Bilzingslebener Schädelstücke z. T. mit dem Sinanthropus, der ein gleichartig gestaltetes Hinterhaupt besaß, besser aber noch mit dem Homo erectus aus der Oldoway-Schlucht und mit dem letzten javanischen Fund, dem Pithecanthropus-Schädel von Putjung, übereinstimmen. In diesen, besonders den Oldoway-Schädel, kann nicht nur das Bilzingslebener Hinterhauptsbein, sondern auch das Stirnbein bis auf geringe, nur Millimeter betragende Differenzen eingepaßt werden. Durch diese Vergleiche sind wir auch in der Lage, den Bilzingslebener Urmenschen genauer zu beschreiben. So muß sein Gesicht unter dem mächtigen Überaugendach relativ breit und flach gewesen sein, die breite Nase sprang nur wenig vor, ein Kinn war noch nicht ausgebildet. In massigen Kiefern saßen robuste Zähne. Im Gegensatz zum heutigen Menschen mit seinem hohen, hausartigen Schädelquerschnitt besaß der Bilzingslebener einen flachen, zeltartig-trapezförmigen Querschnitt. Vom übrigen Skelett können nur allgemeine Angaben gemacht werden, sind doch auch an den anderen Fundstellen keine oder nur sehr wenige Rumpfskelettknochen bekannt geworden. Wesentlich unterscheidet sich das Rumpfskelett des Homo erectus vom heutigen Homo sapiens nicht. Homo erectus

Der erste Molar des rechten Oberkiefers vom Bilzingslebener Menschen, vergrößert

Und so sah der Schädel des Menschen von Bilzingsleben aus! Die Fundstücke von der Steinrinne sind in einen Abguß des Homo-erectus-Schädels aus der Oldoway-Schlucht eingesetzt. Der «Bilzingslebener» erhielt den wissenschaftlichen Namen «Homo erectus bilzingslebenensis VLČEK 1978».

hatte den aufrechten menschlichen Gang schon vollständig erworben. Alle damit zusammenhängenden anatomischen Veränderungen am Skelett waren weitgehend ausgebildet. Er hatte gerade, lange Beine und voll ausgebildete menschliche Füße, die ihn zu schnellem Lauf und ausdauerndem Gehen befähigten. Nur einzelne Details des Skeletts dürften noch nicht den heutigen menschlichen Entwicklungsgrad erreicht haben. So war zwar die Hand als typisches Manipulierorgan und zum Genauigkeitsgriff entwickelt, aber der Daumen noch nicht ganz opponierbar. Der Schwerpunkt des Schädels lag noch nicht direkt über der Wirbelsäule. Das bedingte eine stärkere Nackenmuskulatur, deren Ansatzfläche wesentlich größer war als beim Homo sapiens.

Es ist schwierig, vom Skelett auf Beschaffenheit, Form und Aussehen der Weichteile, auf die Farbe der Haut, auf die Farbe und Art der Körperbehaarung zu schließen. Das sind aber Aspekte, die uns ganz besonders interessieren, da wir ein Lebensbild des ausgestorbenen Menschen ermitteln wollen. Während die Weichteilanatomie, z. B. des Gesichts, nach der Form des knöchernen Skeletts, nach dem Relief der Knochen und nach am heutigen Menschen bekannten Verhältnismaßen ungefähr rekonstruiert werden kann, sind die übrigen Eigenschaften nur vermutbar. So müssen wir beispielsweise annehmen, daß Homo erectus das ursprüngliche Haarkleid weitgehend verloren hatte und nackt war. Statt dessen besaß er bereits das für den heutigen Menschen so typisch ausgebildete Schweißdrüsensystem. Die frühen Menschen haben gejagt. Sie gingen im Laufe ihrer Evolution sogar zur Großwildjagd über. Die bei solcher Arbeit entstehende Stoffwechselwärme kann unter starker Sonneneinstrahlung und bei hoher Außentemperatur einem mit dichtem Haarkleid bedeckten Organismus nur hinderlich und lebensgefährlich gewesen sein. So ist vorstellbar, daß im Laufe der Evolution parallel mit der Herausbildung der menschlichen Arbeit das Haarkleid zugunsten eines Schweißdrüsensystems zur Regulierung der Körpertemperatur mit Hilfe von Verdunstungskälte verlorenging. Zum Schutze der Haut vor zu starker Sonneneinstrahlung hat sich eventuell stärkere Farbstoffeinlagerung entwickelt. Aus diesem Grunde stellen wir uns den Homo erectus mit tief gebräunter Haut vor. Sein Kopfhaar war möglicherweise schon menschlich geprägt und relativ lang. Barthaar wird im allgemeinen als spät in der Evolution erst bei Homo sapiens auftauchendes sekundäres Geschlechtsmerkmal angesehen. Achsel- und Schamhaar, das funktionell mit Hautdrüsen verbunden ist, muß auch für Homo erectus angenommen werden. Sicher war er allgemein noch stärker behaart als der heutige Mensch. Die Form seiner Ohren, seiner Finger- und Zehennägel, der Lippen und der weiblichen Brust stellt man sich so vor wie beim heutigen Menschen. Homo erectus war wahrscheinlich ein verhältnismäßig schlanker, sehniger, kräftig gebauter Typ mit offenbar geringer Neigung zu stärkerem Fettansatz. Diesen haben wohl allein schon die ständigen Anstrengungen und Entbehrungen in seinem Dasein verhindert.

Mit dem erdgeschichtlichen Alter von ca. 350000 Jahren gehört der Homo erectus von Bilzingsleben zu den geologisch wie stammesgeschichtlich jüngsten Vertretern des ersten Menschen. Deshalb besitzt er auch schon ein relativ großes Hirnvolumen, wenn wir ihn mit der Schädelkapazität älterer Homo-erectus-Formen vergleichen, die zwischen 750 und 900 cm^3 liegt. Überhaupt ist auffällig, daß sich in dieser Zeit bei den späten Formen des Homo erectus wie auch bei frühen Vertretern des Homo sapiens, die zur gleichen Zeit mit dem Bilzingslebener in Europa auftreten, eine schnelle Größenzunahme des Schädels und die damit verbundene Gehirnentwicklung erkennen lassen. Der Schädel bläht sich

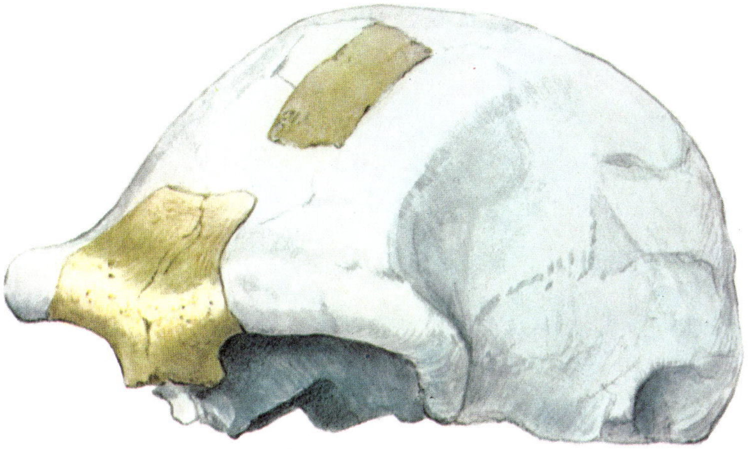

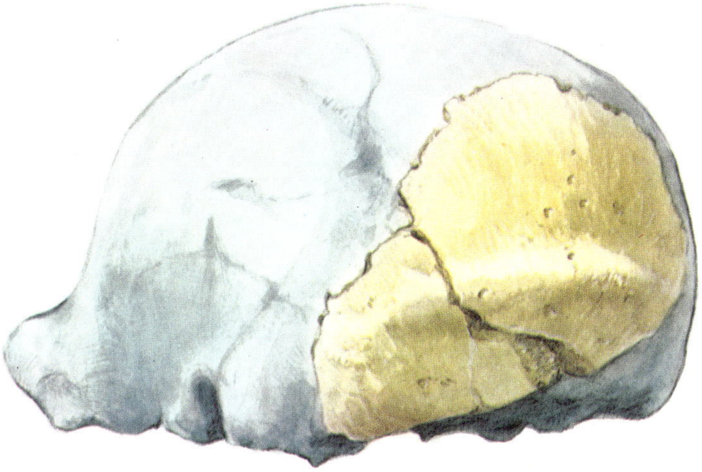

förmlich auf. Gleichzeitig wird der Gesichtsschädel kleiner, werden die Kiefer immer kürzer und unter das Gesicht in den Schädel hineinverlagert, bis das für den Sapiens so charakteristische steile Gesicht mit vorspringender Nase und hoher Stirn entsteht. Ursachen dieser Veränderungen sind hauptsächlich die Entwicklung des Gehirns und die Veränderung von Ernährungs- und Lebensweise. Die frühen Menschen gehen immer mehr zur Fleischnahrung über. Aus vornehmlich pflanzenessenden Wesen werden Allesesser, deren Hauptnahrungsmittel in Fleisch besteht. Gebrauch und Herstellung von Werkzeugen, immer bessere Jagdmethoden und schließlich die Kenntnis des Feuers führen zur Nahrungsaufbereitung und zu einer grundsätzlichen Änderung in der Ernährungsweise. Die kräftige Kaumuskulatur und die robusten Gebisse sind dadurch nicht mehr notwendig, sie werden laufend reduziert. Eine direkte Folge ist die Entlastung des Schädels von der Kaumuskulatur. Die knöcherne Schädelkapsel setzt nun der Entfaltung des Gehirns keinerlei Hemmnisse mehr entgegen. Hochwertige proteinreiche Nahrung und deren Aufschließung durch spezielle Zubereitung sowie ständig neue Situationen und Anforderungen in der natürlichen und allmählich sich herausbildenden gesellschaftlichen Umwelt regen die Entwicklung des Gehirns weiter an.

Die späten Formen des Homo erectus lassen diese Vorgänge an Schädel und Gehirn erkennen. Zu ihnen sind vor allem der Bilzingslebener, der Mensch von Vértesszöllös und die Menschen von Choukoutien zu zählen. Sie stammen alle aus dem gleichen späten Abschnitt des Eiszeitalters, und alle drei Fundstellen befinden sich in den nördlicheren Zonen des gemäßigten Klimagebietes. Diese späten Formen des Homo erectus besitzen eine relativ hohe Schädelkapazität.

Besonders jene Teile im Großhirn, die beim Menschen mit dem Sehen, dem Sprechen und dem Gedächtnis zusammenhängen, vergrößerten sich – Hinterhauptsregion, Schläfenlappen und Stirnhirn. Homo erectus konnte offenbar ebenso gut sehen wie wir, war wahrscheinlich schon zu einfachen Denkvorgängen und größeren Gedächtnisleistungen befähigt; er hatte bereits ein einfaches Begriffsvermögen und beherrschte wahrscheinlich einfachste Anfänge der menschlichen Sprache. Im Vergleich zu uns war die Fingerfertigkeit noch nicht endgültig ausgebildet, war er noch nicht in der Lage, komplizierte Gedankengänge zu verarbeiten. Es mußte noch ein langer Weg zurückgelegt werden bei der weiteren, immer komplizierteren Assoziierung der einzelnen Hirnzentren für Sehen, Empfinden, Bewegung, Sprechen, Denken, Gedächtnis und Informationsspeicherung.

Der späte Homo erectus hat aber insgesamt schon eine wesentlich höhere Entwicklungsstufe erreicht als seine Vorgänger.

Demnach war es Homo erectus möglich, sich kraft seiner Intelligenz und Geschicklichkeit bei der Auseinandersetzung mit seiner Naturumwelt immer besser an deren Bedingungen anzupassen. Er erfand neue Werkzeuge und Herstellungstechniken. Bessere Jagdwaffen verhalfen ihm zu immer größerem Jagderfolg und schließlich auch zur Möglichkeit, Großwild zu erlegen. Dabei wurde sich der Mensch seiner selbst immer mehr bewußt. Ein engerer Zusammenschluß der Gemeinschaft war die direkte notwendige Folge. Die neuen Arbeitsprozesse und das engere Zusammenleben verlangten nach besseren Verständigungsmitteln. Die Kenntnis des Feuers regte diese Vorgänge zweifellos noch weiter an und beschleunigte die Evolution. Es entstanden Voraussetzungen, die es dem Homo erectus ermöglichten, in andere Kontinente mit für ihn bis dahin fremden Umweltverhältnissen vorzudringen, so schließlich auch in die gemäßigten Breiten mit ihrem ungünstigeren Klima, mit stärker ausgebildeten Jahreszeiten, kalten Wintern und mangelnder pflanzlicher Nahrung. Doch war es ihm möglich, auf Grund jener genannten Voraussetzungen eine eigene, wenn auch noch dürftige und anfällige Umwelt zu schaffen, die gesellschaftliche Sphäre seiner eigenen kleinen Gemeinschaft als Heimbasis mit dem Feuer im Mittelpunkt, die ihn von der Naturumwelt so weit unabhängig machte, daß er überleben konnte. Die neuen Umweltverhältnisse regten als Anreiz zur weiteren Entwicklung der biologischen und gesellschaftlichen Eigenschaften an.

Wir können diese Entwicklung als zeitweilig stärker beschleunigten, sprunghaften Vorgang ansehen, allgemein aber uns als langfristigen, Jahrhunderttausende dauernden, allmählich verlaufenden Prozeß vorstellen. Infolge geringer Lebenserwartung, jedoch langer individueller Entwicklung bis zur Reife, damit zusammenhängend aber relativ geringer Lernfähigkeit hat es Jahrtausende gedauert, bis sich eine neue Erkenntnis, eine neue technische Errungenschaft oder neue Jagd- und Ernährungsweise durchsetzen konnte. Genauso müssen wir lange Zeiträume dafür voraussetzen, bis während der Evolution im Wechselspiel von einfachsten Arbeitsvorgängen und dem Lernen eine neue Qualitätsstufe im Gehirn entstand.

Denken wir daran, daß unser Homo erectus von Bilzingsleben – genauso wie seine Zeitgenossen – bereits einen etwa eine Jahrmillion zurückreichenden stammesgeschichtlichen Weg hinter sich hatte, der mit primitivsten Formen des Homo erectus begann. Wieweit er sich von diesen durch seine Evolution entfernt und zu einem Wesen emporgearbeitet hat, dem wir das Menschsein nicht absprechen können, das sich uns als zwar noch einfaches, aber doch schon bewußt und aktiv auf seine Umwelt einwirkendes, von Instinkten immer mehr sich lösendes menschliches Wesen zu erkennen gibt, das sollen uns die Spuren seines Lebens und seiner Tätigkeit auf dem Rastplatz am Ufer des Bilzingslebener Sees vor 350000 Jahren zeigen.

Vergessen wir nicht, daß sich unsere Fundstelle, die einen derart großen zeitlichen Abstand zu den Funden von Frühmenschen und ihren Kulturresten in der warmen Klimazone hat, viel weiter nördlich von diesen Fundplätzen im gegenwärtig gemäßigten Klimagebiet befindet. Nach unseren Untersuchungen bestand ein ähnliches gemäßigtes Klima auch zur Zeit des Auftretens von Homo erectus in diesem Gebiet. Wir deuteten an, daß nicht nur seine Neugier, sondern sicher andere Voraussetzungen notwendig waren, unter denen er das Vordringen und Leben im kühleren, durch Jahreszeiten geprägten Klima bewältigte. Allein das läßt eine relativ hoch stehende geistige Entwicklungsstufe vermuten, die Homo erectus inzwischen erreicht hatte.

Wie hat sich Homo erectus in seiner Gemeinschaft und den Ereignissen in seiner Umwelt gegenüber verhalten? Das ist eine Frage, die auch in Zukunft zu allen möglichen Spekulationen Anlaß geben wird, denn nur wenig oder gar nichts läßt sich aus den Spuren und Fundobjekten im Boden dafür erschließen. – Ein älterer Mensch, als geschickter Werkzeugmacher in der Gruppe geschätzt, stirbt während seiner Tätigkeit, der Steinbearbeitung. Einige Mitglieder der Gruppe halten sich in seiner Nähe auf, sie sind überrascht und erschrocken, sogar ohne Rat vor dem leblosen Körper, der scheinbar in tiefen Schlaf gesunken ist, sich aber nicht mehr wecken läßt, kalt und schließlich steif wird. Wie hat sich Homo erectus weiterhin verhalten? Hat er den Toten gemieden, hat man ihn weggetragen oder gar aus Vorstellungen heraus, die noch durch das mangelhafte Erklärungsvermögen natürlichen Geschehens bestimmt wurden, teilweise aufgezehrt, um der Gemeinschaft seine Fähigkeiten zu erhalten? Irgendwie müssen wir uns ja auch das Phänomen der Behandlung von Menschenschädeln in dieser Zeit erklären, vielleicht eben als Art des Kannibalismus, wie das angesichts der Funde von Choukoutien getan wird und weiter unterstützt werden könnte durch die Spuren an den Schädelresten von der Steinrinne. Aber die Schnittspuren an solchen Resten, die Brandspuren und Hinweise auf gewaltsames Öffnen der Hirnkapsel müssen nicht unbedingt mit Kannibalismus, sondern sie können auch mit einem primitiven Schädelkult zusammenhängen, den man nach dem Tode eines Hordenmitgliedes geübt hat.

Die Art und Weise der Erklärung kann grundsätzlich verschieden sein – immer führt sie auf jene Feststellung hinaus, daß sich der späte Vertreter des Homo erectus doch schon in starkem Maße mit seiner Umwelt geistig auseinandergesetzt hat.

Steine reden

Ihre Erhaltungsfähigkeit macht steinerne Gerätschaften zu den häufigsten Nachweisen des eiszeitlichen Menschen. Die technologischen Merkmale, die an ihnen zu erkennen sind, stempeln sie zum Wertmesser der Entwicklung der menschlichen Arbeit und menschlichen Kultur schlechthin. Und nur an Steinartefakten war es bisher möglich zu erkennen, ob ein Werkzeug hergestellt wurde, um es zur Bearbeitung eines anderen Werkzeuges zu gebrauchen. Darin sieht man schließlich den Unterschied menschlichen Wirkens tierischen Verhaltensweisen gegenüber und möchte mit den ältesten derartigen Funden die Grenze zwischen Mensch und Tier ziehen.

Der Bilzingslebener Urmensch stellte noch andere bereits ziemlich spezielle Werkzeuge her. Es sind nicht nur Fleischmesser, sondern Geräte zur Bearbeitung organischer Rohstoffe, die er in seiner Umgebung fand, wie Holz, Fasern, Rinden, Häute und Sehnen. Sie verdanken wahrscheinlich einem vorausgeplanten Ziel ihre Entstehung und sind keine zufälligen Produkte einer Augenblicksanforderung. Feuerstein, aus dem sie bestehen, wie auch andere Werksteine, so Quarzite, Kalk-, Quarz- und Porphyrgerölle, mußten erst in der weiteren Umgebung gesammelt werden und stammen nachweislich von Orten, die etwa 6 bis 7 km vom Schlagplatz entfernt waren.

Wir sehen in der Geräteherstellung eine Männerarbeit. Ob das zutrifft? Wie viele der zahlreichen Werkzeuge, die wir finden, mögen von Frauenhänden geführt und auch hergestellt worden sein? Die Vielseitigkeit, die an den Steinrinnen-Funden nachweisbar ist, spricht sehr dafür. Es fällt uns schwer, vom erhaltenen Steingerät und seinen Abnutzungsspuren auf andere Tätigkeiten, Werkstoffe und Gerätschaften zu schließen. Wahrscheinlich würden uns «die Augen übergehen», wenn wir die Vielfalt jener nicht erhalten gebliebenen Kultur einmal erblicken könnten!

Als stumme Zeugen einer einst blühenden Kultur erweisen sich alle jene Dinge, die vom Menschen angefertigt und benutzt wurden und die aus einem weniger vergänglichen Material bestehen. Sie haben in günstigen Fällen die Jahrtausende und Jahrhunderttausende im Boden überdauert, eingebettet in verschiedensten Ablagerungen des Eiszeitalters. Besonders die steinernen Kulturreste waren geeignet, sich den Verwitterungsvorgängen genügend zu widersetzen, und sind demzufolge auch am meisten bekannt geworden.

Der Fundhorizont von Bilzingsleben enthält nicht nur steinerne Artefakte. Hier wurden im kalkigen Milieu auch die Jagdtierreste und Geräte aus Knochen, Geweih und Elfenbein konserviert. Trotzdem haben wir nur einen Bruchteil der Kultur des Bilzingslebener Urmenschen vor uns: Ein viel umfangreicherer Teil bestand aus vergänglichen organischen Materialien. Wir können ihn nicht mehr direkt erschließen, auch nicht nach Einzelerscheinungen bestimmen. Es ist uns nur möglich, am erhaltenen Kulturgut nach Anhaltspunkten für Vermutungen zu suchen, um uns eine gewisse Vorstellung von diesem nicht erhaltenen Teil der ehemaligen Kultur zu verschaffen.

Solche aus Quarzitgeröllen zugehauenen, schweren Werkzeuge wurden zum Zertrümmern, Hacken und Hämmern gebraucht.

Die scharfe Kante vorn an diesem Feuersteinmesser diente zum Reißen.

Wollten wir aber unter Kultur nur die Gerätschaften verstehen, wäre dieser Begriff zu eng gefaßt. Auch beim frühen Menschen zählt alles das zur Kultur, was er an materiellen, geistigen, künstlerischen und moralischen Werten geschaffen hat. Nur waren bei ihm verschiedene Aspekte der modernen Kultur noch gar nicht oder nur in allerersten Anfängen entwickelt.

Wenn hier Bezeichnungen wie «Faustkeilkultur» oder «Geröllgerätekultur» auftauchen, dann müssen wir uns immer bewußt sein, daß in einem solchen Namen nur ein besonderer kultureller Aspekt hervorgehoben wird, daß sich dahinter aber ungleich mehr verbirgt. Bei dem genannten Beispiel kann es sich sogar um sehr ähnliche, auf gleicher Entwicklungsstufe stehende Kulturen handeln, die sich eben nur durch Eigenheiten – Verwendung von Faustkeilgeräten einerseits und von Geröllgeräten andererseits – unterscheiden.

Wir möchten hier die Kultur des Bilzingslebener Urmenschen und ihre Stellung innerhalb der Entwicklung der Jäger- und Sammlerkulturen kennenlernen. Natürlich müssen wir uns da zunächst mit dem uns überlieferten Material seiner Kultur befassen, mit den Artefakten aus Stein, Knochen und Geweih. Die tote kulturelle Substanz, die im Boden schlummert, muß erst zum Reden gebracht werden!

Immer wieder begegnen uns bei den Grabungen auf der Steinrinne aus verschiedenem Gestein hergestellte Gerätschaften und die bei ihrer Zurichtung entstandenen unzähligen Abfallsplitter und Trümmerstücke. Ein großer Teil besteht aus Feuerstein, einem Silikatgestein aus den Schreibkreideablagerungen der Ostseeküste. Von dort gelangten die Feuersteinknollen im Grundschutt des ersten skandinavischen Inlandeises bis in unser Fundgebiet und konnten in unmittelbarer Umgebung der Steinrinne vom Urmenschen aufgesammelt werden. Zum Teil fand er die Knollen als verwitterte Gerölle auf der Landoberfläche oder im Schotter des Flusses; bessere, bergfrische Gerölle hat er in natürlichen Anschnitten von eiszeitlichen Ablagerungen, so an den Wänden von Wasserrissen und an Prallhängen, gefunden. Feuerstein ist spröde, glashart und bildet an Splittern und Sprengstücken scharfe, zum Schneiden geeignete Kanten. Diese Eigenschaften waren ganz bestimmt der Grund, warum der Urmensch gerade diesen Rohstoff für seine Werkzeuge auswählte. In jenen Landschaften, wo der Feuerstein oder Varietäten dieses Gesteins fehlen, hat er ganz gezielt Gesteine ausgesucht und bevorzugt, die die gleichen oder ähnliche Eigenschaften wie Feuerstein besitzen. Das sind andere Silikatgesteine, wie Hornstein, Jaspis, Quarz, feinkörnige Quarzite und Kieselschiefer oder auch Obsidian.

Selbst mit derart kleinen, sogenannten mikrolithischen Spezialgeräten vermochte Homo erectus umzugehen.

Kleine, faustkeilartige Spitze aus Feuerstein

Wiederholt mußten wir feststellen, daß Besucher der Ausgrabung oder der kleineren Ausstellungen von Funden der Steinrinne bei Bilzingsleben ungläubig die von uns als Geräte erkannten Steinsplitter betrachteten. Oft ist auch ein solches Gerät vom Naturprodukt wirklich schwer zu unterscheiden, wenn man nicht die Indizien künstlicher Herstellung und Bearbeitung kennt.

Der Sinn des Herstellungsvorganges besteht darin, von einer für das Zuschlagen geeigneten Kante eines Feuersteinstückes eine flache Scheibe, den Abschlag, abzutrennen. Da nicht jeder Abschlag zugleich auch die für das Gerät erwünschte Größe oder Form erhält, werden an der gleichen oder ähnlich geeigneten Stelle des Kernstückes mehrere Abschläge abgetrennt. Das bedeutet, daß jeder von einer solchen Schlagfläche stammende Abschlag auf seiner äußeren Oberfläche die Negativformen der vorher abgetrennten Abschläge besitzt. Das spröde, homogene

Gestein reagiert bei Druck oder Schlag nach physikalischen Gesetzen. Am Auftreffpunkt des Schlages, dem Schlagpunkt, entsteht daher eine Druckglocke im Gestein; eine ihrer Spannungsflächen schert unter dem Schock des Druckes nach außen, und ein flacher Scherben platzt ab, der am Schlagpunkt beginnt und an seiner Trennfläche, plastisch hervortretend, den Druckkegel (Schlagkegel) erkennen läßt. Nun können auch in der Natur beim Aufeinanderprallen von Geröllen im schnell fließenden Gewässer oder bei Druck im Grundschutt des Eises, in der Grundmoräne, zufällig derartige Abschläge entstehen. Aber diese kommen nur in der Einzahl vor. Sie zeigen keine ausgewählte Schlagrichtung und Schlagfläche und besitzen in den seltensten Fällen statt einer Naturoberfläche mehrere Abschlagnegative auf ihrer Außen- bzw. Oberseite. Außerdem lassen sie keine gezielte spezielle Nachbearbeitung der Kanten erkennen, die angewandt wird, um die Zielabschläge zu bestimmten Geräten umzuformen. Dabei werden die Kanten nach ähnlichem Prinzip durch Schlag oder Druck verändert.

Fast 100000 Stücke mit derartigen Merkmalen gezielten Schlages oder Druckes oder mit besonderer spezieller Bearbeitung sind auf der bisher 350 m^2 großen Fläche des Fundhorizontes bei Bilzingsleben gefunden worden. Dies schließt ein «Spiel der Natur» völlig aus.

Auffällig ist, daß alle Feuersteingeräte des Bilzingslebener Urmenschen erstaunlich klein sind, obwohl genügend große Gerölle oder Scherben natürlich vorkommen. Die kleinsten dieser eindeutig bearbeiteten Geräte sind nur 8 mm lang, während die Durchschnittslänge der Geräte etwa 30 mm beträgt und Stücke von mehr als 60 mm Länge nicht vorkommen. Man bezeichnet derart kleine Steingeräte als «Mikrolithen». Sie stellen eine seltene Erscheinung im Paläolithikum, vor allem in dessen frühen Abschnitten, dar. Während der Spätphase, am Ausgang der letzten Eiszeit, sind mikrolithische Gerätschaften schon häufiger und lassen sogar eine ständige Entwicklung zur Kleinheit erkennen.

Neben diesen aus sprödem, hartem Feuerstein hergestellten Kleingeräten fallen um so mehr die weniger häufig vorkommenden gröberen und großen Steingeräte auf, die nie aus sprödem Gestein, sondern vorzugsweise aus zähen Gesteinen bestehen. Wir können sie nach ihren hauptsächlichen Merkmalen als Geröllgeräte bezeichnen, als Geräte, die unmittelbar durch weniger aufwendige, spezielle Bearbeitung aus Geröllen gefertigt wurden. Sie sind aus ovalen Quarzgeröllen, aus Trümmern oder unförmigen Geröllen von hartem Muschelkalk, Quarzit, Kristallin, Porphyr oder auch aus Travertin hergestellt.

Etwa 3 bis 6 cm lange Quarzgerölle dienten ohne weitere Zurichtung als Schlagsteine zur Feuersteinbearbeitung. Das lassen unzählige Hiebmarken, Narbenfelder oder Aussplitterungen an den vorstehenden Enden oder Ecken erkennen. Auch größere Schlagsteine sind vorhanden. Doch sie bestehen vorwiegend aus

Hacken mit dem Geröllgerät

Gewinnung von Feuersteinabschlägen

Muschelkalk oder Quarzit, und ihre Abnutzungsspuren verweisen eher auf gröbere Arbeiten als auf die gezielte Zurichtung von Feuerstein. Mit ihnen wurden offenbar Feuersteinknollen zertrümmert, um erst die weniger klüftigen Trümmer zur Werkzeugherstellung zu erhalten, oder es wurden damit Knochen zerschlagen, weichere Rohstoffe zerdrückt, zerwalkt und zerstoßen. Wir fanden auch die schweren steinernen Arbeitsunterlagen, die bei solchen Arbeiten gebraucht wurden. Einige sind mit ihren tief zernarbten Oberflächen nur als Ambosse zu deuten, die wiederum bei der Feuersteinbearbeitung Verwendung fanden. Andere bis zu 60 cm lange Travertin- und Muschelkalkbrocken mit hochstehenden, gänzlich überglätteten, teilweise sogar polierten Graten oder schüsselförmig ausgearbeiteten Oberflächen haben gewiß bei der Zurichtung weicherer Rohstoffe als Unterlagen gedient.

Zahlreiche plattige, ovale oder kugelige Gerölle aus zähen Gesteinsarten wurden an einer Kante ein- oder zweiseitig zugeschlagen, so daß sie breite Schneiden erhielten, sogenannte Hieb- oder Hackmesser, aber auch schaberartige Geräte. Andere haben in gleicher Weise zugerichtete kegelige Spitzen.

Hackspuren oder Einschlagnarben der zum Zerschlagen gebrauchten Werkzeuge sind noch an den Knochen und Geweihen erkennbar. Zweifellos wurden mit ihnen auch Äste, Stangen und Schößlinge abgehackt, um diese weiter zu Jagdwaffen und dergleichen zu verwenden.

Wir können allein schon an diesen einfachsten Steingeräten des Bilzingslebener Urmenschen, mit denen er nur grobe, aber täglich notwendige Arbeiten ausgeführt hat, feststellen, wie verschieden und vielfältig diese bereits waren. Hier handelt es sich nicht mehr um primitive Gelegenheitswerkzeuge für eine zufällige, augenblicksbedingte Verwendung, sondern um funktionsbestimmte, nach Rohstoffauswahl und Verwendungszweck differenzierte Geräte zu bewußten Manipulationen. Der durch dieses Merkmal gekennzeichnete relativ hohe Entwicklungsgrad in der Technologie des Bilzingslebeners wird noch deutlicher bei der näheren Untersuchung seiner Feuersteingeräte oder gar der aus Knochen und Geweih gefertigten Gerätschaften – und erst recht dann, wenn wir diese Technologie mit bisher aus dem Altpaläolithikum und vom Homo erectus bereits Bekanntem vergleichen.

Alle seine Feuersteingeräte sind, wie bereits erwähnt, relativ klein. Einschließlich der Messer und Sägen, die recht gut auch zum Abhäuten und Zerlegen der Jagdbeute dienen konnten, müssen alle diese Geräte als Hilfsmittel zur Herstellung weiterer Gerätschaften aus anderen Werkstoffen angesehen werden. Die Kanten der Geräte sind gezielt mit dem Schlagstein durch Abschlagen oder Abdrücken umgeformt. Dabei sprangen kleine und kleinste Absplisse ab, die gemuschelte Flächen zurückließen. Wir bezeichnen derartige Spezialbearbeitungen als Retusche. Interessant ist, daß nur an den retuschierten Kanten auch mikroskopisch feine Abnutzungsspuren vorkommen. Das beweist uns, daß

Kantenbearbeitung durch Zuschlagen

Kantenbearbeitung durch Druck

Sägen

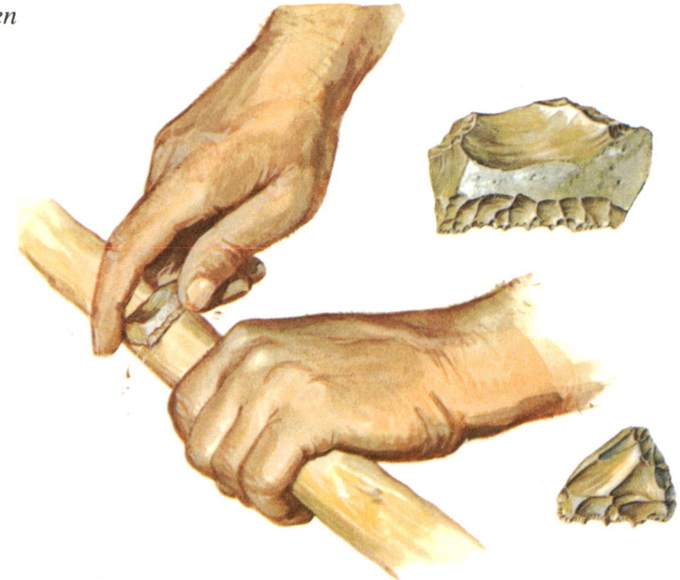

Abspanen

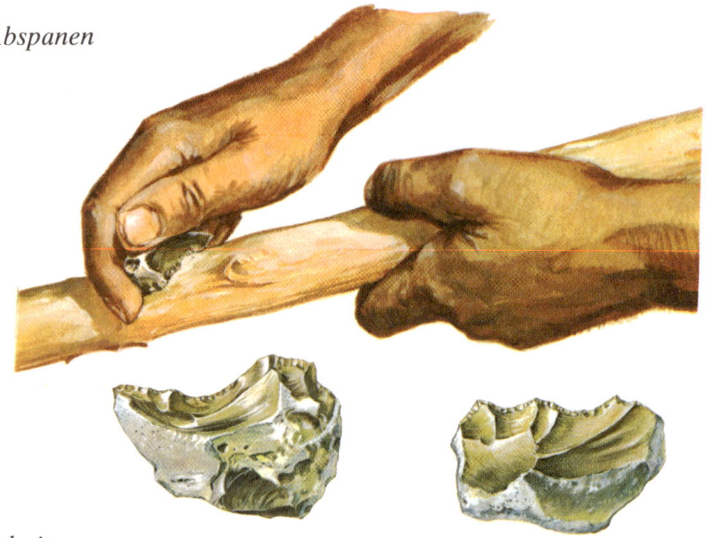

Schnitzen

die Retusche mit Absicht und nur mit dem Ziel vorgenommen wurde, um ein bestimmt geformtes Gerät herzustellen. Neben Messern mit geraden Schneiden haben wir solche, deren Kanten fein gezähnt sind. Sie stellen Sägen dar, mit denen noch besser zertrennt und geschnitten werden konnte. Andere Geräte weisen kratzer- oder schaberartige Kanten auf, wieder andere erhielten durch Schlag oder Feinretusche tiefe Buchten. Zahlreiche Kratzer lassen Abnutzungsspuren erkennen, die darauf deuten, daß mit diesen Geräten eine vorwiegend abspanende Arbeit ausgeführt wurde. Zusammen mit den gebuchteten Stücken dienten sie wohl vor allem zur Holzbearbeitung. Dann treten kleine dreieckige oder spitzovale Geräte auf, sogenannte Spitzen, mit denen aber vorwiegend geschnitten wurde. Der Inbegriff eines Spezialgerätes ist der Bohrer. Überraschenderweise kommen auch diese Geräte vor, mit sorgfältig aus den Abschlägen herauspräparierten zentimeterlangen oder feinsten, nur einige Millimeter großen Bohrerspitzen. Doch ist der Vorrat an Geräten noch nicht erschöpft: Andere tragen an den retuschierten Kanten vorspringende Nasen, mehrere Buchten oder Kerben, andere wieder sind regelmäßig dreieckig zugerichtet, wieder andere mit verschieden ausgebildeten Kanten kombiniert. Sie alle können nur als Geräte mit jeweils verschiedenem, aber mehr oder weniger bestimmtem Verwendungszweck gedient haben.

Hier ist nun der Punkt erreicht, wo mit Hilfe anderer Beobachtungen – z. B. an den Knochen – oder mit Hilfe wissenschaftlich begründbarer Kombinationen und Überlegungen auf weitere, nicht erhaltene Reste der materiellen Kultur geschlossen werden kann. Es wurde sicherlich Holz bearbeitet – wir wiesen bereits darauf hin. Versinterte Späne in der Fundschicht sind offenbar dabei zurückgebliebene Abfälle. Mit den Bohrern können eigentlich nur weiche Werkstoffe bearbeitet worden sein. Auf Holz oder Knochen brechen sie ab. Aber zum Durchlochen von Tierhäuten sind sie bestens geeignet. Tiefe Schnittspuren auf großen, breiten Knochenplatten – wir werden sie noch kennenlernen – gehen wahrscheinlich auf das Zuschneiden dieses Werkstoffes mit dem Feuersteinmesser zurück. Sollte nicht Homo erectus in dieser Zeit schon primitive Kleidungsstücke gekannt und Fellsäcke, Beutel, Riemen, «zusammengenähte» Fellstücke für die einfachen Behausungen angefertigt haben? Die Feuersteinwerkzeuge zur Geräteherstellung lassen dies nicht nur vermuten, sondern auch daran denken, daß noch weit mehr Rohstoffe aus der den Menschen umgebenden Natur verarbeitet wurden, so auch Pflanzenfasern, Rinden, Sehnen, Därme. Sicherlich mußten ständig Jagdwaffen aus Holz hergestellt werden: Speere mit feuergehärteten Spitzen, Keulen, spitze Pfähle, eventuell einfache Wurfhölzer. Wir dürfen uns diese Gerätschaften allerdings nicht als komplizierte, gar noch speziell zusammengesetzte Geräte vorstellen, sondern als einfachste, vielfach noch unbeholfene Erzeugnisse. Hier könnten wir nun allerdings fragen, ob wir trotz der bereits erkennbaren Spezialisierung der erhalten gebliebenen Artefakte von Bilzingsleben in der Deutung nicht schon zu weit gehen: War der Urmensch vor 350000 Jahren noch ein vornehmlich von Instinkten und Augenblicksanforderungen gesteuertes Wesen oder doch schon ein bewußt handelnder und in gewissem Maße auch planender Mensch? Wir wollen das Problem in folgender lapidaren Frage zusammenfassen: Hat der späte Homo erectus schon einen einfachen Knoten knüpfen können? Das läßt sich zwar nicht direkt beweisen, doch müssen wir ihm schon mehr zutrauen, denn das Vordringen und Sichbehaupten in einem ungünstigeren Klimabereich setzten derartige anfängliche Spezialisierungen, bessere Jagdwaffen, primitive Kleidung, einfachste Behausungen, und wie wir schon sehen werden, die Kenntnis des Feuers voraus.

Lassen wir eine weitere Szene aus dem Alltag der Jäger von Bilzingsleben an uns vorüberziehen:

Vom Lagerplatz am See blickt man auf vom Sonnenlicht überflutete, aus weißem körnigem Sand bestehende Uferstreifen und Sandbänke, zwischen denen dünne Rinnsale und weiter zum See der breitere Hauptarm eines Baches fließen. Nur diese Bacheinmündung ist frei von Vegetation. An der herausgewaschenen Uferkante stehen einige Weidenbüsche und zieht sich eine krautige Wiese zum Lager unter Pappeln und Erlen hin. 20 oder 30 Schritt von der Mündung entfernt, beginnt am Ufer ein dichter Schilfgürtel, in dem weiße gebleichte, verwitterte Stämme umgebrochener Pappeln hervorleuchten. Am jenseits liegenden Ufer dehnt sich als Kontrast über dem leuchtend blauen Wasserspiegel und hellgrünen Röhrichtstreifen ein dunkler Auwald hin. Fern darüber, schon in Nähe der aufsteigenden Muschelkalkhänge, ziehen einige größere Raubvögel ihre Kreise.

Am Ufer spielen nackte Kinder. Sie haben große Schalen der Teichmuscheln aufgesammelt und schöpfen eifrig Wasser in ein flaches Becken. Einige jüngere Männer hocken auf einer Sandbank und suchen unter den dort in großer Menge umherliegenden, teilweise schon eingesandeten oder vom Bachwasser bedeckten Knochenabfällen nach irgendwelchen brauchbaren Stücken. Gestank und Fliegen scheinen sie nicht zu stören. Der Rest der Gemeinschaft hockt oder liegt im mittäglichen Schatten des Lagers – ein Alter nur stochert im Feuer herum und legt einige trockene Äste nach.

Plötzlich werden die Männer aufmerksam, unterbrechen ihre Suche und blicken sich um. Oberhalb der Bachmündung, dort, wo am Überlauf einer starken Quelle blendend weiße Sinterkaskaden aufgebaut sind, steigen zwei Männer den mit Buchsbaumgestrüpp überzogenen Hang herab. Sie tragen an einer Stange einen schweren Beutel, den sie, von den Jüngeren am Bach freudig begrüßt, auf dem Sand entleeren: Zahlreiche mehr als faustgroße Feuersteinknollen sind es, die der Beutel enthielt, dazwischen fallen zwei,

Schneiden und Reißen auf einer Knochenunterlage

Bohren auf einer Knochenunterlage

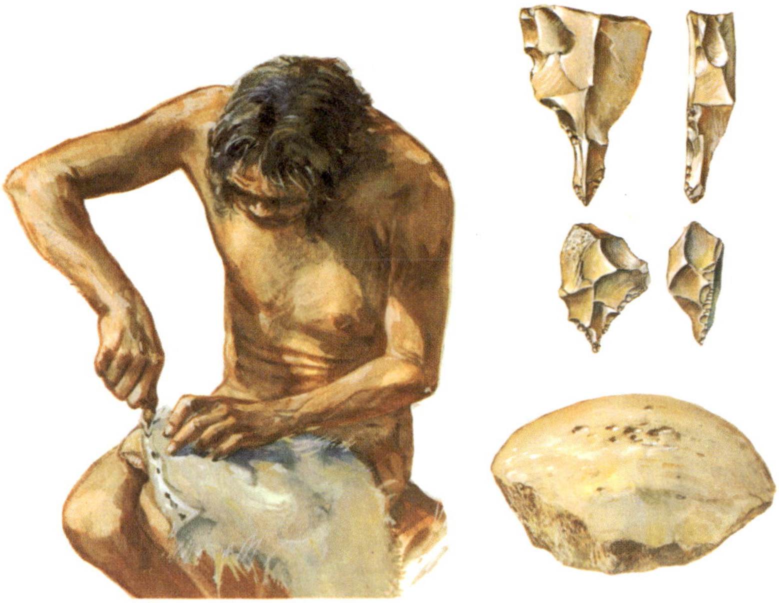

drei noch größere gelbliche Quarzitgerölle und eine hellgraue Muschelkalkplatte auf, die einer der Zurückgebliebenen aufhebt und bedächtig in der Hand wiegt.

Einige Worte rufen die Angekommenen zum Lager hinüber, die spielenden Kinder nähern sich neugierig der Gruppe von Männern, die sich im Halbkreis zusammenhocken und bei hin und wieder geäußerten Silben und anerkennenden Gesten den einen oder anderen Stein zur Seite legen. Dann setzt einer der älteren einen Feuersteinknollen, den er zunächst von allen Seiten musterte, auf die Muschelkalkplatte, um ihn mit einem großen Quarzitgeröll, das er mit beiden Händen hoch über den Kopf hebt und niedersausen läßt, zu zertrümmern. Einige Stücke fliegen weg; die Kinder bringen sie zurück und geben sie dem Jäger. Dieser wählt nun ein größeres Trümmerstück aus, greift nach

Speere und Stoßlanzen oder spitze Pfähle verfertigte Homo erectus aus frischem Holz. Die Spitzen mußten durch Ankohlen über einem Feuer gehärtet werden.

Ein Knochen wird längs gespalten. Homo erectus bediente sich dabei kleiner Keile aus Stein, großer Knochenmeißel und des Schlegels.

einem flachen Quarzgeröll, das zwischen Abfällen auf der Sandbank liegt und wohl schon oft gebraucht wurde, wie seine weißlichen Narben zeigen, und schlägt gezielt mehrmals auf die vorstehende Kante des Feuersteintrümmers, den seine Linke fest auf die Unterlage preßt. Vier, fünf etwa daumenlange Abschläge gewinnt er, die er jetzt noch weiter zurichtet, wobei er vorstehende Ecken ihrer scharfen Kanten schräg gegen die Muschelkalkplatte preßt und abdrückt. Unzählige Splitterchen springen weg. Dann mustert er sein Ergebnis, und wahrscheinlich unzufrieden über einige der Geräte, bearbeitet er sie weiter mit dem Schlagstein, um durch ganz gezielte Schläge schartige, sägeartige Schneiden zu erhalten. Inzwischen haben sich einige der anderen großen Knochenspänen und einem Hirschgeweih gewidmet, die sie aus dem Abfallhaufen zogen, um sie mit einem zugeschärften Quarzitgeröll in bestimmte Formen zurechtzuhacken. Das Ergebnis sind 15 bis 20 cm breite, scharfkantige Schaber sowie ein keulenartiges Hiebgerät aus dem Geweih, das sie durch Anhacken und nachfolgendes Abbrechen seiner Sprossen und Krone gewannen. – So ähnlich könnte es bei der Werkzeugherstellung zugegangen sein. Wir können uns weiter vorstellen, wie einige Männer auf der Sandbank schließlich noch frische, 3 m lange Eschen- oder Eibenholzstangen heranbringen, um mit ihren Feuersteinwerkzeugen richtige Speere daraus zu machen, wie sie dann am Feuer hocken, um die biegsamen und weichen Spitzen des frischen Holzes durch Ankohlen im Feuer zu härten und die Stangen zu brauchbaren Wurf- und Stichwaffen zu schnitzen. Frauen werden damit beschäftigt gewesen sein, frische Häute mit den Knochenschabern abzukratzen, vielleicht nehmen sie zum Trocknen aufgehängte Felle von einem Baumast ab und versuchen, lange Streifen davon mit dem Feuersteinmesser auf einer Knochen- oder Holzunterlage abzutrennen, dann zu durchbohren und mittels Sehnen zu einem einfachen Beutel zusammenzuzurren.

Gewisse Arbeitsteilungen können dabei bereits beobachtet werden: Es gibt bestimmte Arbeiten, die vorzugsweise die Frauen oder die am Lager zurückgebliebenen Alten übernehmen, während andere von den Männern ausgeführt werden. Wir dürfen uns vorstellen, daß erfahrene Steinschläger oder Schnitzer den Halbwüchsigen zeigen und erklären, wie man einen Speer herstellt, wie man am einfachsten ein Hirschgeweih bearbeitet. Ein Verständigungsmittel ist dazu unbedingt notwendig.

Schon jetzt – wir sind erst am Anfang einer Ausdeutung – zeigt es sich, daß der Homo erectus auf dem Höhepunkt seiner Entwicklung eine weitaus stärker ausgebildete Kultur besaß, als wir es bisher glaubten, daß er vielseitige Technologien beherrschte, verschiedene Arbeitsverfahren kannte, über Gerätschaften verfügt haben muß, die wir uns bisher für ihn nicht vorstellen konnten. Ganz gezielt und bewußt wirkte er auf seine Umgebung ein und war bereits zu planvollen Arbeiten in beschränktem Ausmaß fähig. Mit dem allmählichen Beherrschen menschlicher Verständigungsmittel, wie eben sprachlicher Lautäußerung, mit neuartigen Formen des Zusammenlebens der Geschlechter und Altersgruppen, mit dem Schaffen einer eigenen gesellschaftlichen Umwelt legte er zögernd den Grundstein für eine höher entwickelte menschliche Kultur.

In diese Schlußfolgerungen sind noch nicht die für das Altpaläolithikum z. T. neuartigen Gerätschaften aus Knochen und Geweih eingeschlossen! Sie wurden nicht etwa als zufällige Einzelstücke, sondern in ganzen Serien gefunden. Sie stellen neben den Hominidenresten und den mikrolithischen Feuersteinartefakten eine weitere Überraschung für den Archäologen dar.

Knochen, Geweihe und Hörner boten sich dem frühen Menschen von Anfang an als willkommene, oft zu bestimmtem Gebrauch von der Natur schon vorgeformte Werkstoffe an. Werkzeuge, wie die Keule in Form eines schlanken Extremitätenknochens, die Hacke aus einem einfachen Geweih oder zum Stechen, Kratzen und Schneiden geeignete zufällige Knochensplitter, sind nicht das Neue an den Kulturresten des Bilzingslebener Urmenschen – denn solche von der Natur vorgegebenen Geräte wurden zweifellos schon vor ihm gebraucht –, sondern die zielstrebig aus diesem Werkstoff unter Anwendung verschiedener Techniken gefertigten Geräte. Zielstrebigkeit ist z. B. im Spalten von Langknochen zu erkennen: Lange schmale Spaltstücke von Extremitätenknochen zeigen, daß eine längs auf dem Knochen aufgesetzte Folge von dicht hintereinander stehenden Einschlägen zum Spalten führen sollte. Das konnte aber nicht mit einem einfachen Hiebwerkzeug geschehen. Für derart gezielten Schlag war zusätzlich ein Keil oder ein Meißel nötig. Die Spuren lassen erkennen, daß zu diesem Zweck entweder spitze Feuersteinstücke oder auch Meißel mit breiter Schneide verwendet wurden. Meißel aus Knochen mit den charakteristischen Aussplitterungen an ihrer Schneide und durch Zuschlagen zertrümmerter Kante am gegenüberliegenden Ende wurden gefunden. In einem Röhrenknochen steckt noch der von der Innenseite her eingetriebene Feuersteinkeil. Das Ergebnis des Spaltens waren Knochensplitter und -späne mit beabsichtigten Formen, die dann gleichfalls weiter verändert wurden, z. B. durch Bearbeitung mit dem Schlagstein oder dem Hackmesser, aber auch schon durch Anschleifen einzelner Partien des Knochenstückes. Dabei entstanden neue Geräte: große Schaber mit bogenförmigen oder geraden Arbeitskanten, schlanke Messer mit scharfen Schneiden, pfriemartige Geräte, schmale Spitzen, breite Meißel. Sie alle besitzen typische Abnutzungsspuren, die ihren Verwendungszweck deuten lassen. Die Schaberkanten sind durch Gebrauch geglättet. Recht- oder spitzwinklig zu ihnen bedecken unzählige parallele Kratzer die angrenzende Oberfläche des Knochens. Die Knochenmesser tragen Kratzspuren, die von der Schneide schräg nach vorn verlaufen. Sie lassen einen schnitzmesserartigen Gebrauch erkennen. Die Spitzen der als Pfriem oder zum Bohren verwendeten Geräte sind überglättet oder gar poliert, die Schneiden der Meißel deutlich ausgesplittert. Einfachere Geräte aus Knochenspänen sind bis zu 60 cm lange schlegel- und keulenförmige Hiebwerkzeuge mit ausgesplitterten Nutzkanten, oder dicke Knochensplitter vom Elefanten und sind wie die Geröllgeräte zugerichtet. Eines hat Form und technologische Merkmale in bezug auf die Herstellung, wie wir sie beim Faustkeil aus Stein kennen.

Dieser Knochenhobel hat eine ausgezeichnet mit dem Schlagstein zugeschärfte Kante. Sie ist durch Gebrauch überglättet und verrundet. Das zeigt uns, daß solche Geräte zur Bearbeitung weicher Materialien verwendet wurden.

Die großen, bis zu 80 cm langen Knochengeräte wurden auf Grund ihrer Abnutzungsspuren offenbar als Walk- und Schabgeräte zur Fellbearbeitung gebraucht. Wenn wir dem Homo erectus von der Steinrinne zugestehen wollen, daß er bereits einfache Kleidungsstücke und Gerätschaften mittels seiner Feuersteinwerkzeuge aus Tierhäuten hergestellt hat, dann müssen wir ihm auch einfache Verfahren zur Fellbearbeitung zutrauen. Es ist wohl ausgeschlossen, daß er das Gerben von Tierfellen kannte. Aber vielleicht hat er die irgendwie vorbereiteten Felle von Fleisch- und Fettresten und den Haaren befreit und anschließend die getrockneten Häute durch Walken weich und geschmeidig gemacht?

Großen Ellen – so von Nashorn oder Rind – wurden mittels eines Hackmessers die Ellenbogenfortsätze abgeschlagen und dann, wie zahlreiche Aufsatzstellen von Meißeln oder Keilen zeigen, sorgfältig in Längsrichtung gespalten. Man erhielt auf diese Art spitz zulaufende, dolchartige Geräte mit idealen Griffen aus dem Ellenbogengelenk. Daß damit zugestoßen wurde, beweisen die Aussplitterungen ihrer Spitzen.

Hin und wieder fallen uns unter den Funden von der Steinrinne abgebrochene, schmale Elfenbeinspitzen auf. Sie können nach dem Verlauf der Lamellenstruktur des Elfenbeins nicht als Spitzen von Stoßzähnen gedeutet werden, eher schon als Spitzen schlanker, geschliffener, stoßlanzenartiger Stäbe. Sollte Homo erectus auch schon Techniken zur Bearbeitung von Elfenbein gekannt haben, eines Rohstoffes, der erst Jahrhunderttausende später für die Nutzung entdeckt wurde? Zahlreiche Stoßzahnsplitter werden wohl Abfälle gewesen sein, die bei der Bearbeitung dieses Materials entstanden. Immerhin wurden kleinere, schlanke Stoßzähne dank ihrer willkommenen Form als Werkzeuge oder Jagdwaffen gebraucht. Warum sollte der Urmensch bei diesen nicht auch mit jenen Bearbeitungsverfahren, die er geschickt an Knochen anzuwenden verstand, nachgeholfen haben?

Eine ganze Reihe von knöchernen Gerätschaften dienten dem Bilzingslebener Urmenschen als Arbeitsunterlagen. Sie sind als solche besonders durch Abnutzungsspuren auf ihren ehemals glatten und ebenen Oberflächen zu erkennen. Relativ selten sind Schulterblätter unter dem Skelettmaterial der Jagdbeute zu finden. Aber tauchen sie auf, dann handelt es sich meist um die Schulterblätter größerer Säuger. Sie sind auffallend unversehrt, lediglich ihre vorstehende Mittelleiste ist ausgebrochen oder abgeschlagen, während die glatte Innenfläche der Blätter mit unzähligen hauchdünnen, querverlaufenden Schnittspuren bedeckt ist. Das sind eindeutige Schneidunterlagen. Damit sie fest auflagen, mußte die Mittelleiste entfernt werden. Die offensichtlich von Feuersteinmessern herrührenden Schnitte sind zart und dünn, haben den Knochen nur wenig angeritzt. Das bedeutet, daß nur ein weiches Material auf diesen Unterlagen geschnitten wurde: Fleisch. Wir haben hier die «Frühstücksplatten» des Bilzingslebener Urmenschen vor uns! Diese Ausdeutung wirft aber sofort weitere interessante Fragen auf, die wir später noch einmal berücksichtigen müssen: die Tatsache, daß die Nahrung in bestimmter Weise zerteilt und zubereitet wurde, wahrscheinlich auch zum Zwecke einer notwendigen Verteilung unter die einzelnen Mitglieder der Gemeinschaft.

Ein Knochenmesser, das aus einem flachen Span eines Elefantenknochens angefertigt wurde, läßt starke Gebrauchsspuren erkennen.

Etwa 20 bis 25 cm lange Meißel aus massiven Knochensplittern wurden zum gezielten Spalten von Holz, vielleicht auch von Knochen, benutzt.

Andere Unterlagen bestehen aus großen flachen Teilen vom Becken oder Schulterblatt des Waldelefanten. Neben Hiebmarken, Narbenfeldern und Glättungen tragen sie lange Gruppen mehr oder weniger parallel verlaufender Schnitte, die tief in die harte Knochenoberfläche eingedrungen sind und von der Bearbeitung zäher Werkstoffe zeugen. Sie können eigentlich nur vom Zerschneiden von Häuten oder Fellen herrühren. Ganz andere Arbeiten wurden auf gezielt mit dem Meißel abgespaltenen halbkugeligen bis flachkonvexen Gelenkköpfen der Oberschenkel- oder Oberarmknochen vom Nashorn ausgeführt. Nach ihren Narben und Kratzern zu urteilen, dienten sie wohl als Unterlage beim Bohren oder Sticheln mit Feuersteingeräten. Ideale Arbeitsunterlagen boten die quader- oder würfelförmigen, bis zu 25 cm langen Fuß- und Handwurzelknochen des Elefanten. So ist es nicht verwunderlich, wenn ihre ebenen Flächen mit zahllosen verschiedenen Arbeitsspuren bedeckt sind. Gleich ideal und brauchbar als Unterlage – und als solche erkannt – waren die harten ebenen Kinnbacken von Hirsch oder Bison und flache breite Rippenstücke von Elefant oder Nashorn.

Hirschgeweihe sind schon von Natur aus ein ideales Material für Werkzeuge, und sicher haben bereits die ersten Menschen damit gearbeitet. Der späte Homo erectus von Bilzingsleben präparierte sie allerdings vor der Benutzung in verschiedener Weise. Er verwandte Abwurfstangen, die er auf seinen Jagdzügen unterwegs aufsammelte, wie die aus dem Schädel ausgebrochenen Geweihe erlegter Hirsche. Die große Zahl der bisher gefundenen Geweihgeräte beweist, wie willkommen ihm dieser Werkstoff war. In der Regel hat er an den Stangen die Kronen und entweder nur die eine der beiden Basissprossen oder diese zwei zugleich entfernt. Auf diese Weise entstanden hackenartige Hiebwerkzeuge mit unterschiedlichem Schlagwinkel – je nachdem, ob die Aug- oder die Eissprosse am Gerät erhalten blieb – oder Keulen, deren Schlagkraft er vergrößerte, je mehr er vom Rosenstock oder Schädel an der Stange beließ. Um Kronen und Sprossen abzutrennen, hackte der Bilzingslebener mit einem Geröllgerät zunächst eine Kerbe in das Geweih, um dann erst das betreffende Stück abzubrechen. Es kommen aber auch Bruchflächen an den Geweihgeräten vor, die nicht das vorangegangene Ankerben erkennen lassen und nach ihren Merkmalen nicht allein mit Körper- oder Hebelkraft erzeugt worden sein können, besonders wenn es sich um starke Stangen mit 5 bis 8 cm Durchmesser handelt! Ob Homo erectus in diesem Fall der Natur schon ganz wesentliche technische Tricks abgelauscht hat? Denn Geweihsubstanz erweicht bei längerem Liegen im Wasser oder noch besser in einer schwachsauren Lösung und läßt sich dann leicht und ideal bearbeiten, wie brechen, hacken oder gar schneiden. Dann bedarf es noch

Flache Platten aus Beckenschaufeln des Nashorns dienten Homo erectus als Arbeitsunterlagen. Das abgebildete Stück läßt lange Schnittspuren erkennen.

mehrerer Tage bis zu einer Woche, um die so zugerichteten Geräte durch Trocknen an der Luft wieder zu härten und gebrauchsfähig zu machen. Wenn aber Homo erectus dieses Verfahren an seinen Geweihgeräten angewandt hat, dann ist das auch ein Beweis dafür, daß er in gewissem Maße planen konnte! Zunächst sammelte er mit bestimmter Absicht die Geweihstangen, wählte davon geeignete Exemplare aus, ließ sie längere Zeit wässern und damit erweichen, um dann aus ihnen Werkzeuge von einer beabsichtigten Form herzustellen und diese erst wiederum eine längere Zeit zu trocknen, bis er sie verwenden konnte.

Ohne ein minimales Maß an Planung ist auch die Anfertigung von Werkzeugen, die zur Herstellung weiterer Gerätschaften dienen, nicht denkbar. Wie wir feststellen konnten, besaß der Urmensch von Bilzingsleben nicht nur einfache Werkzeuge zur unmittelbaren Nahrungsgewinnung, sondern dazu eine Reihe verschiedener Werkzeuge, mit denen er außer Geräten und Waffen zum Jagen und Sammeln sowie Zubereiten von Nahrung zahlreiche andere Geräte und Dinge seines täglichen Bedarfs anfertigen konnte. Dazu gehören durchaus schon einfache Kleidung und Behausungen. In dieser Eigenart der Technologie des Homo erectus von Bilzingsleben offenbart sich ein Fortschritt gegenüber den einfacheren Faustkeil- und Geröllgerätetechniken, die von seinen Ahnen angewandt wurden. Weitere Anzeichen dieses Fortschrittes sind die Kleinheit der Werkzeuge aus Feuerstein und deren starke, nach ihrem speziellen Verwendungszweck bestimmte Differenzierung, weiterhin die Anfertigung zahlreicher verschiedener Gerätetypen und, was besonders überrascht, die

Geweihgerät. Die Basissprossen sind durch Gebrauch ausgesplittert.

Auswahl von Werkstoffen im Hinblick auf die jeweilige Funktion der daraus gefertigten Geräte. So fällt auf, daß zwar spezielle Kleingeräte, aber niemals mit aufwendigen Schlagverfahren Großgeräte, wie z. B. der Faustkeil oder Faustkeilschaber, aus Feuerstein hergestellt worden sind, obwohl es die Größe des Ausgangsmaterials erlaubt hätte. Statt dessen hat der Bilzingslebener seine großen Spezialgeräte, wie wir sahen, aus leicht und mit nur geringem Aufwand bearbeitungsfähigen Werkstoffen, z. B. aus Knochen, hergestellt, ohne daß die Funktion dieser Geräte dadurch beeinträchtigt worden wäre.

Der kulturelle Fortschritt, den der späte Homo erectus im gemäßigten Klimagebiet erreichte, wird noch deutlicher an jenen Aspekten, die sich indirekt aus den Überresten der materiellen Kultur auf der Steinrinne erschließen lassen. Wir deuteten sie bereits an. So ist aus den Geräten die Bearbeitung von Rohstoffen nachweisbar, die nicht erhalten blieben, so von Holz, Pflanzenfasern, Fellen, Häuten, Sehnen und dergleichen, daraus wiederum ist auf kulturelle Errungenschaften wie Kleidung, Behausung, spezielle Nahrungszubereitung, neue Aufbewahrungs- und Transportmöglichkeiten sowie bessere Jagdmethoden zu schließen. Insgesamt wird deutlich, daß die Eroberung eines neuen Lebensraumes im kühleren Klimagebiet nicht nur den Zwang zur Anpassung und damit zahlreiche neue Erfindungen, den engeren gesellschaftlichen Zusammenschluß und die grundsätzliche Änderung der Lebensweise mit sich brachte, sondern auch eine ganze Reihe neuer Bedürfnisse des einfachen Menschen zur Folge hatte. Gerade im Anspruch auf diese und in ihrer Meisterung hat der späte Vertreter des Homo erectus, wie er uns im Fundmaterial von Bilzingsleben entgegentritt, seinen großen Beitrag zur Herausbildung und Entwicklung der menschlichen Kultur geleistet.

Interessant ist für uns die Frage nach der Fingerfertigkeit, nach der Beweglichkeit und Einsatzfähigkeit der Hand beim späten Homo erectus. Wenn dieser nicht nur jene Vielzahl von verschiedenen Gerätschaften herstellen, sondern damit auch arbeiten konnte, auch mit den nur 10 bis 15 mm langen Feuersteingeräten, mit Geräten, die recht verschiedene Führung und Bewegung der Hand verlangten, dann muß seine Hand trotz verschiedener noch nicht überwundener anatomischer Mängel zum feinfühligen Genauigkeitsgriff befähigt gewesen sein und fast schon die Fertigkeit der Hand des modernen Menschen erreicht haben. Mit einem solchen Entwicklungsgrad der Hand und mit der Notwendigkeit, den Arbeitsvorgang nicht nur optisch zu erfassen, sondern auch mit Hilfe von Überlegung und Gedächtnis zu beherrschen und zu steuern, ist eine relativ hohe Entwicklungsstufe des Gehirns verbunden. Die wichtigsten Zentren des Großhirns müssen schon weit ausgebildet und miteinander koordiniert gewesen sein, vor allem hatten sich über Nervenbahnen Wechselbeziehungen zwischen Hand und Gehirn stärker differenziert. Anders ist die Arbeit des Bilzingslebener Urmenschen gar nicht zu verstehen.

Wenn wir das Geräteinventar der Steinrinne bei Bilzingsleben mit den schon bekannten technologischen Erscheinungen des Altpaläolithikums vergleichen, müssen wir feststellen, daß es hinsichtlich seines sich schon andeutenden Spezialisierungsgrades und seiner funktionell bedingten Differenzierung eine Sonderstellung bezieht. Es sind in Europa, Afrika und Asien bisher kaum ähnliche Erscheinungen beobachtet worden. Allenfalls lassen sich Beziehungen zum Gerätebestand der Drachenhöhle von Choukoutien erkennen. Hier hat man auch ähnliche Geweihgeräte gefunden, vielleicht sind auch Geräte aus Knochen vorhanden, doch hat man ihnen bisher zuwenig Aufmerksamkeit geschenkt und sie infolgedessen nicht immer erkannt. Natürlich ist das Fehlen von Parallelen auf bestehende große Fundlücken zurückzuführen.

Von den ersten einfachsten Steingeräten, wie angeschlagenen Geröllen und dabei entstandenen Splittern, die der späte Australopithecus verwendet hat, über weiter entwickelte Geröllgerätekulturen bis zur Erfindung des Faustkeils durch Homo errectus ist es ein langer stammesgeschichtlicher Weg. Fast noch einmal so lang ist der Weg von diesem Zeitpunkt bis zur Blüte der technischen Entwicklung des Homo erectus, die wir an der Bilzingslebener Fundstelle nachweisen konnten! Aber erstaunlich ist, daß diese technischen Errungenschaften in ihrer im Feuerstein, Knochen und Geweih etablierten Form nicht weitergegeben werden, sondern statt dessen frühe Sapiens-Formen die grobgerätigen Faustkeile und ihre technischen Begleiterscheinungen weiterentwickeln. Allerdings bestehen große Fund- und Forschungslücken, so daß uns ein falsches Bild vorgetäuscht werden kann. Das Fundmaterial, das dank günstiger Erhaltungsbedingungen an der einen Stelle vorkommt, muß an einer anderen, wo sich z. B. nur Steinartefakte erhalten konnten, nicht von vornherein auch gefehlt haben. Homo sapiens erreicht dann auf seiner Entwicklungsbahn über den Neandertaler 250000 bis 300000 Jahre nach dem Homo erectus von Bilzingsleben einen neuen, qualitativ höheren Spezialisierungsgrad. Erst so spät läßt sich eine zögernd einsetzende und allmählich immer dauerhaftere Verarbeitung von Knochen, Geweih und Elfenbein sowie eine immer stärkere Differenzierung der Feuersteingeräte feststellen.

Hackenartiges Hiebgerät aus einem großen Hirschgeweih

Rechts im Bild ein Amboß aus einem Muschelkalkblock. Er trägt zahlreiche Hiebmarken. Links neben ihm liegt ein Schlaggerät aus Hirschgeweih.

Ein Werkplatz des Urmenschen von Bilzingsleben: Wir erkennen eine große Kalksteinplatte (links), auf der ein Beckenknochen eines Elefanten liegt. Dieser wurde darauf zerschlagen. Die abgetrennten Stücke liegen noch vor dem Arbeitstisch. Rechts daneben erkennen wir zahlreiche, grob zugehauene Geröllwerkzeuge.

Ein Geweih wird zerhackt, um daraus ein Gerät herzustellen.

Im Bann des Feuers

Die Angst vor einer respektablen Naturerscheinung zu überwinden, diese schließlich manipulieren und beherrschen zu lernen – das war wohl eine ganz wesentliche Leistung in der Bewältigung seiner Umwelt! Homo erectus hat aber Tausende von Jahren gebraucht, bis schließlich dieser Schritt zu einem Allgemeingut in der menschlichen Kultur wurde. Neugier, gepaart mit Furcht, führte erste Menschen an einen natürlich entstandenen Brand. Nachdem sie die Eigenschaften des Feuers gespürt hatten, haben sie es bestimmt gemieden und sich ihm erneut nur zögernd genähert. Eine lange Periode dieses Wechselspiels brachte dann irgendwann in der Zeit vor dem Homo erectus von Choukoutien und Bilzingsleben die Entdeckung, bei gewisser Vorsicht mit Feuer umgehen zu können. Eine Naturkraft wurde gezähmt und damit zu einem Mittel mit weitreichenden wirtschaftlichen und gesellschaftlichen Folgen.
Auch die Bilzingslebener Urmenschen beherrschten die Feuernutzung. Ihr Lagerfeuer schuf einen Mittelpunkt im Leben der Gemeinschaft und brachte alle Mitglieder einander näher. Und so konnte man am sinkenden Abend die ganze Gruppe im faszinierenden Lichtkreis ihrer Feuerstelle antreffen: Einige sind zusammengerückt, um mit den ihnen möglichen, einfachen Mitteln menschlicher Verständigung eine Jagd des vergangenen Tages in der Erinnerung nachzuerleben, andere sind noch mit dem Essen oder Zubereiten von Beuteresten beschäftigt, eine Mutter besänftigt ihr Kind, das in Geborgenheit einschlafen kann; nur wenige lauschen in die hereinbrechende Nacht, deren Gefahren durch den Feuerbrand gebannt werden können. Mit Respekt halten zudringliche vierbeinige Räuber Distanz zu den Abfallhaufen; das lang dröhnende Grollen eines Löwen in größerer Entfernung verrät dessen Ärger über die Anwesenheit seiner Jagdkonkurrenz.

Feuer übt seit jeher eine geheimnisvolle Kraft auf den Menschen aus. Selbst der moderne Mensch mit seinen überschnellen Flugzeugen, Weltraumraketen, Elektronengehirnen und seiner naturwissenschaftlichen Aufklärung fühlt sich vom Lichtkreis des Feuers magisch angezogen. Im Banne eines offenen, lebendigen Feuers am Kamin oder inmitten des Lagers wächst nicht nur das Gefühl der Geborgenheit und des Zuhauseseins, sondern vor allem das Gefühl einer engeren Gemeinschaft.

Um wieviel mehr muß der einfache frühe Mensch vor einigen hunderttausend Jahren vom Feuer fasziniert gewesen sein! In der freien Natur begegnete er ihm gelegentlich bei Vulkanausbrüchen und Lavaergüssen, bei durch Blitzschlag oder hohe Trockenheit entzündeten Wäldern und Savannen, bei brennenden Kohle-, Erdöl- und Asphaltlagerstätten. Sein neugieriges Wesen wird ihn beizeiten über die vorzüglichen Eigenschaften des Feuers belehrt haben, über Licht und Wärme oder dann auch die Möglichkeit, Speisen schmackhafter und bekömmlicher zuzubereiten. Wir wissen nicht, wann der Homo erectus das Feuer beherrschen lernte und zähmte. Daß er es getan hat, ist ihm als hohe kulturelle Leistung anzurechnen. Neben dem Übergang zur Jagd und zur Fleischnahrung war dies ein weiterer wesentlicher Schritt zur Vervollkommnung seines Menschseins und der Herausbildung der menschlichen Gesellschaft. Abgesehen von zweifelhaften Hinweisen an älteren Fundstellen, ist auch heute noch die mehrere Meter mächtige Holzkohle- und Ascheschicht in der Drachenhöhle bei Choukoutien erster und zugleich eindringlicher Beweis der Feuernutzung durch Homo erectus im 4. Jahrhunderttausend vor heute. Wie lange mag es gedauert haben, bis der Mensch lernte, das Feuer so zu unterhalten und zu pflegen, bis es nicht mehr erlosch? Bis er Methoden und Mittel fand, das Feuer zu seinem ständigen und notwendigen Begleiter, zu einer unentbehrlichen Produktivkraft zu machen? Diese lange Zeit des Kennenlernens der Naturerscheinung Feuer liegt bereits weit hinter dem Sinanthropus pekinensis. Für ihn war die Nutzung des Feuers eine alltägliche Notwendigkeit. Die große Mächtigkeit der Holzkohleschichten seiner Feuerstätte bezeugt uns in dramatischer Weise, wie wichtig ihm das Feuer war, das ständig gehütet werden mußte, Generationen hindurch, um es vor dem Erlöschen zu bewahren. Erst viel später erlernte der Mensch auch die Feuererzeugung.

Wir sind der Meinung, daß die Kenntnis der Feuernutzung eine der Voraussetzungen für den frühen Menschen war, sich die kühleren gemäßigten Klimagebiete nördlich der Tropen und Subtropen zu erschließen. Und so ist es nicht verwunderlich, wenn bei den ersten Aufenthaltsplätzen des Menschen in diesen Klimagebieten als Begleiterscheinung das Feuer auftritt, so bei Choukoutien im nördlichen China, bei Torralba im Ambronatal in Spanien, auf dem Rastplatz Terra amata in Nizza an der Riviera oder auf der Travertinstation Vértesszöllös westlich von Budapest – alles Fundorte, die mit Bilzingsleben in den etwa 100 000 bis 150 000 Jahre umfassenden frühen Horizont des ersten Auftretens des Menschen im gemäßigten Klimagebiet gehören. Es sind Feuerspuren, die auf die Unterhaltung von Feuerstellen an Rastplätzen oder Standlagern zurückgehen, während die Holzkohlereste bei Torralba am Schlachtplatz von Waldelefanten vielleicht auch als Spuren von Feuerbränden gedeutet werden können, die bei der Treibjagd entfacht wurden.

Auch auf der Steinrinne fanden wir Spuren von Feuer. Es sind zwar nur spärliche Anzeichen, wie im Feuer veränderte, stark brandrissige Steinwerkzeuge und Abfallsplitter, aber auch Holzkohlestückchen, die im Sand der Uferplatte lagen und auf die Nähe von Feuerstellen schließen lassen. Diese befanden sich nicht hier unmittelbar neben dem Wasser oder auf dem feuchten Untergrund, sondern weiter ab vom Ufer auf höherem, trockenem Gelände, wo die Lagerplätze vermutet werden müssen. Ob Reste davon unter dem Travertin der Steinrinne noch erhalten geblieben sind, können die zukünftigen Ausgrabungen lehren.

Die Aneignung der Naturkraft Feuer hatte entscheidende Folgen für die biologische und gesellschaftliche Entwicklung des frühen Menschen. Von größter Bedeutung war wohl, daß er sich mit Hilfe des Feuers ein günstiges Mikroklima in einer eigenen kleinen Umwelt schaffen konnte. Damit machte er sich Klimaunbilden gegenüber unabhängiger als bisher. Nun verfügte er über ein Mittel, sich bis dahin unzugängliche und unwirtliche Gefilde zu erschließen, in die ihn seine tätige Neugier trieb.

Zweifellos hatte diese selbstgeschaffene Umgebung mit Licht und Wärme – Eigenschaften, die den Tag verlängern und den Aufenthalt in kühlen oder gar kalten Klimaverhältnissen ermöglichen – auf die Dauer Einfluß auf die biologische Entwicklung des Menschen. Bald erkannte er die Möglichkeit, mit Hilfe des Feuers die Fleischnahrung schmackhafter zuzubereiten. Durch Braten, Rösten und Dünsten werden die Nährstoffe im Fleisch, vor allem die Proteine, aufgeschlossen und der Verdauung zugänglicher gemacht. Damit war eine allmähliche Veränderung des Verdauungsvorganges und des Kauapparates zur Vorbereitung der Nahrung verbunden. Wir sprachen bereits davon.

Sehr vorteilhaft war die neue Umgebung mit dem Feuer als Mittelpunkt für die Mütter und Kleinkinder wie auch für kranke Mitglieder der kleinen Gemeinschaft. Alle Auswirkungen der Feuernutzung auf den menschlichen Organismus in dieser frühen Zeit standen in enger Wechselbeziehung zu unmittelbaren Folgen für das gesellschaftliche Zusammenleben. Wartung und Nutzung des Feuers erforderten einen ständigen Aufenthalt, ein

Das Verhältnis des frühen Menschen zum Feuer muß von Respekt und Furcht bestimmt worden sein. Aber die Fähigkeit, über diese unbändige Naturerscheinung Gewalt ausüben zu können, muß ihm auch einen hohen Grad an Selbstvertrauen verliehen haben.

festes Lager über eine längere Zeit hinweg. Es entstand ein Mittelpunkt im Leben der Gemeinschaft, an dem sich jedes einzelne Mitglied wohl fühlte, zu ihm hingezogen wurde und dort mehr Geborgenheit fand als auf flüchtiger Rast und in nur zeitweiliger Unterkunft. Zwischen den Angehörigen der Gemeinschaft entwickelten sich engere Kontakte; ein fester und viel engerer gesellschaftlicher Zusammenschluß als bisher war das unmittelbare Ergebnis der allmählich beginnenden Beherrschung einer Naturkraft. Diese neue Qualität im Zusammenleben des frühen Menschen steht allerdings auch noch mit anderen notwendigen Erscheinungen im Zusammenhang, so mit der sich immer mehr durchsetzenden Jagd auf Großwild, die zu einer Bedingung für die Existenz dieser Menschen in den kühleren Breiten wurde. Sie erforderte neue Jagdmethoden, neue Techniken, eine stärkere

Arbeitsteilung unter den Geschlechtern und nach dem Alter, die jetzt durch die Einrichtung eines Standlagers mit den Feuerstellen viel leichter durchgeführt werden konnte. Die Alten und Kranken, die Mütter mit den Kindern und Säuglingen blieben dort zurück. Hier beschäftigten sich Mitglieder der Gemeinschaft mit verschiedenen Aufgaben, so mit der Wartung der Kleinkinder, der Zubereitung der Nahrung, der Bearbeitung verschiedener Rohstoffe oder der Herstellung von Gerätschaften. Nicht nur die vielfältigen Reize in der neu erschlossenen Naturumwelt des gemäßigten Klimagebietes, sondern auch diese neue ökonomische und gesellschaftliche Reizsituation in der eigenen Mikroumwelt am Lagerplatz mit dem Feuer beeinflußten weiterhin vorteilhaft die Evolution des Gehirns. Diese neue Umwelt erforderte bessere Verständigungsmittel, die Beherrschung neuer Techniken und kom-

Ein Lichtpunkt in der nächtlichen Landschaft läßt symbolisch die Vorteile der neuen Errungenschaft des Homo erectus hervortreten: eine kleine, in sich geschlossene Welt, die durch Wärme und Lichtkreis sowie durch den engeren gemeinschaftlichen Zusammenhalt nach außen hin abschirmt und den Menschen in verschiedenen Beziehungen weniger abhängig von seiner natürlichen Umgebung macht als zuvor.

plizierter Arbeitsprozesse, was schließlich zur Anreicherung von Erkenntnissen und zur Meisterung schwierigerer Denkvorgänge führte. Die zwischenmenschlichen Beziehungen wie die Umweltbeziehungen des späten Homo erectus erhielten dadurch einen immer höheren Grad an Bewußtheit. Aus diesem erwuchsen sicherlich neue Bedürfnisse; und die Notwendigkeit, sich mit solchen neuen Situationen auseinanderzusetzen, gab wiederum Anstöße zur weiteren Evolution.

Alle die mit der frühen Feuernutzung zusammenhängenden Erscheinungen müssen wir auch für den Bilzingslebener Urmenschen annehmen. Auch er kannte die für ihn so wertvollen Eigenschaften des Feuers und war den Wechselwirkungen zwischen dem Feuergebrauch einerseits und dem Individuum wie der Gesellschaft andererseits ausgesetzt. Mit hoher Wahrscheinlichkeit verwandte er das Feuer als Licht- und Wärmespender, zur Zubereitung von Speisen oder als technisches Hilfsmittel, so z. B. zum Härten von Spitzen hölzerner Speere. Er setzte es auf Treibjagden in Form von Fackeln und Feuerbränden ein und kannte seine Eigenschaft, nachts vor Raubtieren zu schützen.

Was mag der frühe Mensch angesichts eines züngelnden Feuers gefühlt und gedacht haben? Vor allem nach den Unruhen und Strapazen eines erlebnisreichen Tages, abends oder nachts, wenn die meisten Mitglieder der Horde bereits in den Schlaf gesunken waren und seine Sinne im Schutze des Lichtkreises nicht durch Vorgänge in der nächtlichen Außenwelt angespannt wurden? Bestimmt gab es solche Situationen mit dem zum Nachdenken angeregten Menschen im Banne des Lagerfeuers. Das Feuer war für ihn eine noch unerklärliche, Schmerz verursachende Erscheinung, voller Leben, Eigensinn und zerstörender Stärke, aber auch mit schätzenswerten Eigenschaften und Vorteilen, auf die er in der Folgezeit nicht mehr verzichten konnte. Mit welcher Ehrfurcht hat er in die Flammen gestarrt, eingedenk der Macht dieser Naturerscheinung, die er bestimmt schon bei wütenden Bränden in der Natur oder angesichts eines Vulkanausbruchs erfuhr. Aber wird ihm seine eigene Fähigkeit, das Feuer beherrschen zu können, es im Zaume zu halten, mit Brennmaterial zu versorgen, aber auch nach Gutdünken Feuersbrünste in Steppe oder Wald entfachen zu können, nicht doch schon ein stärkeres Selbstbewußtsein, ein Gefühl der Überlegenheit seiner Naturumwelt gegenüber verliehen haben? Wird er jetzt nicht mehr so zaghaft, sondern mit mehr Selbstvertrauen in unbekannte und auch unwirtlichere Gebiete vorgedrungen sein?

Es ist anzunehmen, daß der unmittelbare tägliche Kontakt mit einer so rätselhaften Naturerscheinung, wie sie das Feuer für Homo erectus gewesen sein mag, nicht nur Auswirkungen biologischer, wirtschaftlicher und sozialer Art hervorief, sondern auch die weitere Entwicklung des Denkprozesses angeregt hat. Die Entdeckung, sich das Feuer aus der Natur zu holen und nutzbar zu machen, ist beispielhaft für Situationen, die den neugierigen Menschen veranlaßten, zu experimentieren, Erfahrungen über derartige Naturerscheinungen zu sammeln, sich an sie gegebenenfalls zu erinnern und sie auszunützen. Und hat er vielleicht schon die Verwandtschaft des wärmenden und leuchtenden Feuers mit der ihm genauso unerklärlichen, aber lebensnotwendigen Naturerscheinung Sonne erkannt? Ansätze zu diesem Erkennen von einfachsten Beziehungen und Gesetzen in der Natur können schon damals beim Urmenschen von Bilzingsleben und seinen Zeitgenossen entstanden sein. Vielleicht reicht bis in diese Zeit die große Bedeutung zurück, die die späteren Religionen den Erscheinungen Feuer und Sonne beimaßen.

Als Jäger unterwegs

Unter den Bedingungen des gemäßigten Klimas, später noch viel mehr in den eiszeitlichen Steppen und Tundren, wurde die Jagd zur Grundlage menschlicher Existenz. Homo erectus kam bereits als Großwildjäger nach Europa. Es ist fast unglaublich, daß diese frühen Menschen Wege und Mittel fanden, um mit ihren einfachen Waffen die größten Landwirbeltiere ihrer Zeit zur Strecke zu bringen. In der Fundschicht der Steinrinne kommen nicht nur Jungtiere, sondern auch voll ausgewachsene Exemplare wehrhafter Großsäuger, von Elefanten, Nashörnern, Wisenten und Auerochsen, zum Vorschein. Um erfolgreich zu jagen, muß Homo erectus Jagdmethoden angewandt haben, die eine Behinderung der Beutetiere sowie eine Verringerung ihrer Flucht- und Wehrkraft bewirken konnten. Eine direkte Angriffsjagd wurde wohl nur in seltenen Fällen und bei Aussicht auf ihren günstigen Ausgang durchgeführt. –

Unter Ausnützung ihrer Geländekenntnis und des speziellen Verhaltens von Beutetieren gelang es zum Beispiel den Jägern von der Steinrinne, ein zum Angriff gereiztes Nashorn in einem künstlichen Hinterhalt zu Fall zu bringen. Das durch Zerrungen oder gar Knochenbruch seiner Kraft beraubte Tier wurde dann zur leichteren Beute. Man kann sich vorstellen, daß sich der glückliche Ausgang einer solchen gefährlichen Jagd in der Freude der Männer äußerte, die aufatmend während einer Verschnaufpause neben dem erbeuteten Dickhäuter stehen, ihn begutachten, sich gegenseitig auf ihren Anteil am Erfolg aufmerksam machen, wild gestikulieren, freudige Rufe ausstoßen…

«Halt, ein Knochen! Ein Gelenk!» Oft ertönte auf der Steinrinne dieser Ausruf beim Abtragen der Deckschichten über dem Fundhorizont oder Freilegen der alten Uferoberfläche. Er veranlaßte sorgfältigere Weiterarbeit mit Spachtel, Präpariernadel und Pinsel. Überraschend erwuchs aus einer nur wenige Quadratzentimeter großen Knochenfläche, die sich zeigte, ein großer Unterkieferast vom Waldnashorn mit gut erhaltenen Zähnen, ein mächtiger Oberschenkelknochen vom Elefanten mit fußballgroßer Gelenkkugel oder gar ein über 3 m langer Stoßzahn! Häufiger waren es aber Splitter völlig zerschlagener Knochen, einzelne Zähne, Geweihfragmente, hin und wieder Gelenkstücke und zahllose kleinere Knochen, wie Zehen- und Fingerglieder, Fuß- und Handwurzelknochen, vor allem die auffälligen Sprungbeine, oder Knochen kleinerer Säuger, von Bibern, Füchsen, Wildkatzen und Mäusen, oder auch von Vögeln und Fischen.

Der Reichtum an Skelettüberresten der erjagten und zerlegten Beutetiere ist das charakteristische und auffälligste Merkmal des Fundhorizonts auf der Steinrinne bei Bilzingsleben. Er verrät uns die Bedeutung der Jagd für den Urmenschen und läßt im Verein mit der Lage des Rastplatzes in unmittelbarer Wassernähe an einer Bacheinmündung die besonderen Eigenschaften dieses Platzes erkennen: jene Stelle am Lager, wo zusammengetragene Jagdbeute vorzugsweise zerlegt, zubereitet und teilweise wohl auch verzehrt wurde, wo man aber auch zahlreiche andere Arbeiten durchführte, die nicht nur direkt mit der Jagd und dem Essen zu tun hatten. Die Gerätschaften verraten sie uns: Werkzeugherstellung, Fellbearbeitung, Zurichtung und Verarbeitung anderer organischer Werkstoffe.

Die größten Überraschungen bieten immer wieder die Knochen und Gebißreste von Großsäugern, denn einige dieser Arten sind heute ausgestorben, andere leben nicht mehr in Europa und Nordasien oder nur noch in lokalen Rückzugsgebieten. Daß sie einst selbst in unserer Heimat gelebt haben sollen, befremdet uns zunächst. Es sind Elefanten, Nashörner, Wisente, Auerochsen, Wildpferde, große Hirsche, Bären, mächtige Raubkatzen, aber auch Wölfe und Biber. Vor uns entsteht das Bild einer teils bewaldeten, teils offenen Landschaft mit einem heute schwer vorstellbaren Wildreichtum. Aber nur dieser konnte die Existenzgrundlage des frühen Menschen im gemäßigten Klimagebiet gewesen sein. Und nur die Methoden der Großwildjagd ermöglichten ihm einen günstigen Ertrag. Pflanzliche Kost, wilder Honig und kleinere Tiere wurden bestimmt auch gesammelt. Doch reichte die Sammelwirtschaft im gemäßigten Klima mit seinem streng geregelten jahreszeitlichen Ablauf nicht für die Ernährung

Bein- und Armknochen von Nashörnern, die Gelenkkugel eines Elefantenoberschenkels: Im Vergleich mit dem jüngsten Grabungshelfer von der Steinrinne sind die Dimensionen solcher Großsäuger zu erahnen!

Mahlzeitreste auf dem Rastplatz am Ufer: Knochen und Knochenabfälle von Elefant, Nashorn, Bär und Hirsch, dazwischen Geröllwerkzeuge

aus. Sicherlich hat auch der Bilzingslebener Urmensch Nahrung gesammelt. Allerdings sind bis auf einige Eierschalen und Muscheln keine Reste von gesammelter Nahrung erhalten geblieben. Doch wir müssen der Jagd die Hauptrolle zuschreiben.

Täglich waren Männer und kräftige Jugendliche der Gemeinschaft vom See bei Bilzingsleben als Jäger unterwegs. Ihre Streifzüge führten sie zu den Tränkstellen an See und Flüssen, zu den Tageseinständen oder Suhlen verschiedener Tiere in den sumpfigen Niederungen, auf die Wechsel des Großwildes, die die Hochflächen oder Pässe der Hügel- und Bergkette überquerten, zu den Unterschlupfen in den Schlucht- und Hangwäldern der Hainleite, zu den steppenartigen, grasreichen Weideplätzen, die südlich davon im Thüringer Becken zwischen Wälder eingestreut waren. Die Entfernung der Jagdgründe vom Lager war abhängig von der Größe des Wildes und der Tragkraft der Jäger über weite Strecken. Vielleicht entstanden am Beuteort von schwer zu bewältigenden Fleischbergen, die Elefanten oder Nashörner lieferten, kleinere Rastplätze über mehrere Tage, um hier die Beute zum Abtransport zum Hauptlager vorzubereiten und in Etappen zu diesem zu bringen. Vielleicht wurde zum Beuteort auch zeitweilig die ganze Horde geholt. Das Hauptlager am See konnte nur so lange erhalten werden, wie die Umgebung einen günstigen Beute-

Unterkiefer vom Waldelefanten

Backenzähne verschieden alter Elefanten. Der größte Zahn mißt in seiner Länge 35 cm.

Wir haben nur vage Vorstellungen davon, wie Homo erectus in gemeinschaftlichem Unternehmen mit Hilfe seiner primitiven Waffen und unzulänglichen Wehrkraft, aber dafür um so mehr Mut und Geschicklichkeit und genauer Kenntnis des Wildes solche Kolosse, wie sie die Dickhäuter sind, erbeutete. Daß es oft geschah, zeigen Knochen, Gebißreste und Stoßzähne von bis fünf Tonnen schweren Elefanten, die in der Fundschicht auf der Steinrinne nachgewiesen werden konnten. Nach glücklich erlegter Beute hat man diese wohl zuerst an den Bauchpartien aufgebrochen, um an die noch warmen Innereien heranzukommen. Dann erst hat man die übrigen Fleischteile abgetrennt und zum Lager getragen.

ertrag auf der Jagd ermöglichte und auf den Streifzügen nicht zu weite Strecken zurückgelegt werden mußten. War die Gegend abgejagt, das Wild vergrämt, zog die Jägergemeinschaft zu traditionsgemäß schon bekannten, ähnlich ideal wie am Bilzingslebener See gelegenen Stellen weiter. Wie weit entfernt und wo diese lagen, wissen wir nicht. Wir können auch kaum vermuten, wie groß etwa der ganze Jagdbezirk gewesen sein muß, den die Gruppe von Bilzingsleben beherrschte.

Überhaupt entzieht sich fast das gesamte Jagdgeschehen unserer Kenntnis. Seine Rekonstruktion bleibt spekulativen Überlegungen und nur schlecht anwendbaren Vergleichen mit heutigen Naturvölkern überlassen. Was wir lediglich erfassen können – und das ist am Fundplatz der Steinrinne angesichts der wenigen und nur mangelhaft erhaltenen oder ausgegrabenen Fundstellen sehr viel –, ist das erjagte Wild und dessen Verarbeitung, wie Ausnutzung, Zerlegung, Auswahl nach Tierart, Alter und Körperteilen. Die sicher aus Holz hergestellten Jagdwaffen sind nicht erhalten, die Jagdpraktiken und -methoden nicht beweisbar. Diese können nur nach dem Verhalten der heute noch lebenden Tierarten, der vermutlich primitiven Bewaffnung der Jäger und nach ihrem einfachen Entwicklungsstand von Bewußtsein, Denken und gesellschaftlichem Zusammenleben rekonstruiert werden.

Bei Homo erectus war der Übergang zur Ernährung mit tierischen Fetten und Eiweißen im wesentlichen vollzogen. Dieser Wechsel von vorwiegend pflanzlicher zu vorwiegend tierischer Kost begann bei den späten Australopithecinen Afrikas. Hier kann erstmalig an Hand zerschlagener Tierknochen Verzehr von Fleisch festgestellt werden. Wahrscheinlich erwuchs diese Erscheinung aus der Gewohnheit der menschenaffenartigen Vorfahren, neben Pflanzennahrung auch leicht ergreifbare Kleintiere – Insekten, Schnecken, Larven, Maden, hin und wieder auch ein kleineres Wirbeltier oder Jungtier von mittelgroßen Säugern – zu verspeisen. Diese Gewohnheit besitzen auch die heutigen Menschenaffen. Es ist denkbar, daß ein Bedürfnis an derartiger fett- und eiweißreicher Nahrung entstand. Es wurde vom Australopithecus wahrscheinlich nicht nur durch Sammeln dieser Nahrung, sondern auch dadurch befriedigt, daß er die großen Raubkatzen von ihren Beutetieren vertrieb oder bereits auf kleinere Säuger Verfolgungs- und Treibjagden veranstaltete. Diese Art des Nahrungserwerbs rief engere gemeinschaftliche Beziehungen hervor, regte darüber hinaus gemeinsame Handlungsweisen, Werkzeugbenutzung und Werkzeugherstellung an. Abgesehen von hochwertigen Nüssen und ähnlichen Früchten, hat pflanzliche Nahrung einen niederen Kaloriengehalt und sind pflanzliche Nährstoffe für den menschlichen Organismus schwer aufschließbar. Der ganze Tag ist für das Sammeln pflanzlicher Nahrung notwendig. Das Fleisch der Pflanzenfresser dagegen ist ein hochwertiges kalorienreiches Produkt aus zu wertvollen Fetten und Eiweißen umgesetzter Pflanzennahrung. Der Übergang zur Fleischnahrung bedeutet daher eine Verlängerung der Nahrungsmittelkette und die Zuführung hochkonzentrierter, leichter verdaulicher Nährstoffe. Eine ergebnisreiche Jagd führt aber nicht nur zu einer vorteilhaften Ernährung, sondern auch zur Gewinnung von Zeit, die bereits dem Vormenschen, aber viel mehr dem frühen Menschen die Gelegenheit zu weit speziellerer Auseinandersetzung mit seiner Umwelt gab. Alle diese Aspekte verdeutlichen, daß die neue Qualität in der Erährung ein wichtiger Schritt zur Menschwerdung und Frühentwicklung des Menschen war.

Wolf und Fuchs

Wildschwein

Unterkiefer einer Wildkatze

Wildkatze

Die Ernährung mit pflanzlichen Produkten ist an bestimmte Klimate, Landschaften und Jahreszeiten gebunden. Allein konnte sie im gemäßigten Klimagürtel die Existenz des Menschen nicht sichern. So schufen im Verein mit der Feuernutzung erst Fleischnahrung und Jagd dem frühen Menschen die Möglichkeit, sich neue Lebensräume zu erobern.

Wie auf einer reich gedeckten Tafel präsentiert der Urmensch von Bilzingsleben seine Speisenkarte! Uferzone und Sandbänke des Schwemmfächers sind übersät mit den Skelettresten seiner Jagdtiere. Die meisten Knochen sind kurz und klein geschlagen, um auch das schmackhafte Mark zu entnehmen. Nur selten treten ganz erhaltene Extremitätenknochen oder einzelne Kiefer mit der voll erhaltenen Bezahnung auf. Bei größeren Knochenspänen handelt es sich um gezielt aus Langknochen gespaltene Stücke oder um Geräte.

Dachs

Man könnte dieses Knochenlager als Küchenabfallhaufen bezeichnen, der hier im Laufe der Jahrzehnte entstand. Zahlreiche Knochen wurden vielleicht in das nahe Wasser geworfen, um den sicher vorhandenen Verwesungsgeruch am Aufenthaltsort zu mindern, andere wurden von Füchsen und Wölfen verschleppt, die wie verschiedene Raubvögel als zudringliche, mehr oder weniger unerwünschte Gäste ihren Anteil an diesen Beuteresten beanspruchten. An zahlreichen einst fett- und markhaltigen Knochen, besonders an den Gelenken der Knochen von Elefanten, Nashörnern und Wildrindern, sind ihre Bißspuren zu beobachten. Manche spongiöse Stellen haben sie völlig ausgehöhlt und ausgeleckt. Wurden diese Gäste zu aufdringlich, mögen sie hin und wieder auch erschlagen und ebenfalls verspeist worden sein, wie ihre verstreut unter den Knochenabfällen vorkommenden Reste bezeugen. Ein großer Teil der Knochensplitter selbst, der im Bereich der Bacheinmündung lag, wurde weggespült und in die Schwemmfächersande verfrachtet. Alle Skelettreste, die bis in unsere Zeit erhalten geblieben sind, müssen schnell mit Bach- und Ufersanden zugedeckt worden sein. Die übrigen Knochen und Zähne verwitterten rasch auf der damaligen Oberfläche, zerfielen und lösten sich in kurzer Zeit gänzlich auf.

Einige Tonnen von Knochenfunden, die bisher geborgen

wurden, lassen erkennen, welche Tierarten vorzugsweise gejagt wurden und welche nur gelegentlich die Speisenkarte bereicherten. Andere wieder sind offenbar nicht absichtlich gejagt worden, so der Höhlenlöwe oder andere starke und gefährliche Raubtiere. Diese mied man lieber. Doch mußten sie erlegt werden, wenn sich der Jäger ihnen plötzlich gegenübersah und angegriffen wurde!

Ganz offensichtlich war der Bilzingslebener Urmensch ein unerschrockener Großwildjäger! Zwar kommen unter der Beute sehr häufig die Skelettreste von Hirschen vor, aber nicht minder auch jene von Elefanten, Nashörnern und Wildrindern. Etwa ein Fünftel aller nachweisbaren erlegten Tiere sind Hirsche, zwei Fünftel beanspruchen diese drei Großwildarten, in ein weiteres Fünftel teilen sich die ebenfalls häufigen Bären und Biber, während auf das letzte Fünftel alle übrigen Beutetiere entfallen. Das sind große Wildpferde, Rehe, Wildschweine, Raubkatzen, wie Höhlenlöwe, Panther und Wildkatze, weiter Füchse, Dachse und Wölfe, kleinere Säuger, Vögel und Fische.

Zweifellos stammen alle diese Tiere aus der weiteren Umgebung des Rastplatzes und wurden je nach Größe ganz oder stückweise zu diesem geschleppt. Nur gelegentlich wurden größere Tiere in der nächsten Umgebung erlegt. Vielleicht begannen die Jäger hin und wieder ihre neue Saison am See mit einem glücklich an der inzwischen entstandenen Tränke erbeuteten Elefanten oder Nashorn. Aber selbst die meisten Reste dieser tonnenschweren Dickhäuter stammen von Beutetieren, die kilometerweit transportiert wurden.

Unter solchen Verhältnissen ist es interessant zu untersuchen, welche Skelettreste der einzelnen Tierarten vorliegen. Denn daraus kann geschlossen werden, welche Teile der großen Tiere bevorzugt und deshalb zum Lager am See gebracht wurden, welche Partien als Nahrungsmittel oder Werkstoff benutzt wurden und welche Tiere man zerteilt oder unzerteilt heranschleppte.

Es fällt auf, daß vom Elefanten alle Skelettelemente vorhanden sind, so auch hin und wieder zerschlagene Rippen und Wirbel. Der Bilzingslebener Jäger hat demnach die gesamten Fleischberge, die ein Elefant liefern kann, bewältigt, in Teile zerlegt zum Lager getragen und dort weiterverarbeitet. Lediglich die Schulterblätter der Elefanten kommen nur vereinzelt vor. Sie konnten bequem vom Fleisch gelöst und am Beuteort zurückgelassen werden. Aber drei Schulterblätter des Elefanten sind bisher vorhanden. Alle drei hat man zu Arbeitstischen zugerichtet. Also wurden sie auch nur zu diesem Zweck ans Seeufer gebracht.

Von den Nashörnern, Wildrindern und Wildpferden wurden die fleischreichen Partien verwendet. Brustkorb und Wirbelsäule ließ

Oberkiefer eines mächtigen Höhlenlöwen. Der Eckzahn ragt etwa 8 cm aus dem Kiefer.

Der Mensch vor 350 000 Jahren war nicht der einzige Jäger. Große Konkurrenten gab es neben ihm unter den Raubtieren, besonders den Großkatzen, die wie er den Herden der Pflanzenfresser folgten. Das größte Raubtier des Kontinents, dem Homo erectus offensichtlich lieber aus dem Wege ging, war der mächtige Höhlenlöwe – so genannt, weil man seine Reste zuerst in Höhlen gefunden hat. Bei Gelegenheit hat er aber auch ihn mit seinen zerbrechlichen Holzwaffen umgebracht. Einzelne Skelettreste des Löwen fanden wir auf der Steinrinne unter der Jagdbeute. Aber sie sind auf gefährliche Begegnungen zurückzuführen, die Homo erectus für sich entschied, um nicht selbst zur Beute zu werden.

man in der Regel am Beuteort zurück, denn sie fehlen unter den Jagdtierresten von der Uferzone. Dagegen sind von Hirschen und den meisten kleineren Beutetieren einschließlich Schädelknochen alle Skeletteile vorhanden. Das deutet darauf hin, daß man diese Tiere bis auf größere und zu schwere Hirsche unzerteilt zum Lagerplatz tragen konnte. Eine Sonderstellung nehmen die Bärenreste ein. Sie beschränken sich auf die Knochen vom Schädel und von den Pranken. Alle übrigen Skelettelemente fehlen zumeist und sind nur hin und wieder in Einzelstücken zu beobachten. Daraus läßt sich schließen, daß man mehr Wert auf die Bärenfelle legte. Beim Abhäuten blieben am Fell zunächst noch die Pranken und der Kopf hängen. In diesem Zustand trugen die Jäger die Felle zur weiteren Bearbeitung und Verwendung ins Lager.

Schnittspuren an den Knochen verraten uns, wie der Urmensch seine Beute zerlegte. Sie befinden sich überall dort, wo Muskelbündel oder Sehnen ansitzen, also besonders dicht unter- oder oberhalb der Gelenke. Mit Messern und Sägen aus Feuerstein wurden die Bindegewebsstränge und Sehnen durchtrennt. Da die verwendeten Schneidinstrumente in der Regel schartige Kanten besaßen, blieben auf den Knochen ganze Gruppen parallel verlaufender Schnitte zurück. Sie liegen quer zu den erwähnten Ansätzen und Anwachsstellen. Schräg über Rippen von Hirschen und kleineren Tieren gezogene Schnitte deuten darauf hin, daß, wie die Jäger heutiger Naturvölker, zum Beispiel die Eskimos, auch der Urmensch von Bilzingsleben das Fleisch des ausgeweideten Tieres im aufgeklappten Brustkorb als Unterlage zerteilte. Er besaß damit eine ideale Möglichkeit zum Fleischschneiden. Wie schon erwähnt, dienten dazu als Unterlagen auch die großen flachen Schulterblätter von Nashörnern. Vielleicht müssen wir in diesen Funden Hinweise dafür sehen, daß die Nahrung nicht nur wahllos zerteilt und wild aufgegessen, sondern exakt zerlegt, in Stücke zerteilt und an die Hordenmitglieder verteilt wurde. Kleineren Beutestücken hat man wahrscheinlich nicht soviel Bedeutung wie der gemeinsam gejagten und transportierten Großwildbeute zugemessen. Sie wurden vom glücklichen Fänger oder Jäger verspeist. Wir müssen annehmen, daß jedes kleinere Tier, dessen man habhaft werden konnte, wie Kröte, Frosch, Eidechse, Maus, Jungvogel, Kerf, Schnecke und Muschel, den Speisenzettel bereichert hat, sobald sich Gelegenheit zu ihrem Fang oder Einsammeln bot. Dementsprechend können wir hin und wieder auch Reste dieser Nahrung in den Ablagerungen am Seeufer finden.

Es stellt sich die Frage, wie Homo erectus derart umfangreiche, oft tonnenschwere Beutetiere, wie Dickhäuter und auch große

Hornzapfen und Fußknochen vom Bison

Ein Bison wird erlegt! Die Herde war vorher über ein Feld von Stolpergruben getrieben worden; weidwund blieb ein Stier zurück, der trotz seiner Behinderung noch zu einem gefährlichen Gegner wird. Der Kampf spielt sich in flachen Sinterbecken und im Sumpf ab, dort, wo die Herde die Tränke aufsuchen wollte und in den Hinterhalt der Wildbeuter geriet.

Wildrinder und Pferde, bewältigt hat. Die gemeinsame Jagd auf dieses teilweise angriffslustige Wild ist zu aufwendig und gefährlich gewesen, für den einzelnen wie auch für die kleinere Gemeinschaft, um sich nur einige Tage den Bauch zu füllen und dann den größten Teil der glücklich erworbenen Beute dem Verderb zu überlassen. Aus der Feststellung, daß fast alle Knochen dieser Tiere am Lagerplatz vorliegen, zumindest ihre fleischreichsten Körperteile aufgebraucht wurden, entnehmen wir, daß auch die gesamte Beute verarbeitet wurde. Das war ohne die Kenntnis und Anwendung einfachster Konservierungsverfahren nicht möglich. Demzufolge muß Homo erectus vor 350000 Jahren solche Verfahren gekannt und beherrscht haben, vielleicht in der Art des Fleischtrocknens, wie wir dies bei vielen Naturvölkern heute noch beobachten können? Das Fleisch wird in Streifen geschnitten und zum Trocknen an der Luft über einfache Holzgestelle, die Äste eines umgebrochenen Baumes oder, gesichert vor Fleischräubern, höher in Bäume gehängt. Damit würde der Aufenthaltsort an der Bacheinmündung in den See bei Bilzingsleben zeitweise vorwiegend Schlacht- und Verarbeitungsplatz der Jagdbeute gewesen sein.

Unterkiefer, Oberkiefer-Backenzähne, Schienbein vom Waldnashorn

Ob das Fleisch auch am Feuer zubereitet wurde, entzieht sich bisher unseren Nachforschungen. Es sind noch keine angekohlten Tierknochen gefunden worden. Da sich die Feuerstellen sicherlich auch nicht auf der feuchten Seeuferzone befunden haben, sondern höher auf trockenen Bereichen weiter ab vom See – von dort stammen die spärlichen Feuerspuren, die wir bislang beobachten konnten –, ist auch zunächst nicht mit Feuerstellen zu rechnen. Daß Homo erectus solche schmackhaftere Zubereitung kannte, möchten wir allerdings annehmen. Als Gründe dafür können der Nachweis der Feuernutzung bei Bilzingsleben und die besseren Befunde von Choukoutien angeführt werden. Hier fand man zerschlagene, angekohlte Knochen in der Holzkohleschicht der Höhle.

Eine große Rolle spielten die Innereien und Knochen der erlegten Tiere für die Ernährung. Wahrscheinlich wurden große Teile der Innereien, wie Herz, Lungen, Leber, Nieren, Fettpartien und das zum Teil schon geronnene Blut, aber auch bestimmte Teile des Magen- und Darminhalts der Pflanzenfresser, am Beuteort körperwarm verspeist. Die markhaltigen Knochen und Schädel sind alle zerschlagen, um das Knochenmark und Gehirn, aus den Wirbeln auch das Rückenmark, zu entnehmen und zu

Ein freigelegter Oberschenkel vom Nashorn, daneben eine große Geweihsprosse und eine Travertinplatte

verzehren. Darum finden wir auch selten erhaltene Extremitätenknochen, Schädel und Unterkiefer. Langknochen sind offensichtlich nur dann erhalten geblieben, wenn sie zur Geräteherstellung auserwählt wurden.

Die Jagd war für Homo erectus Lebensinhalt und tägliches aufregendes Erlebnis. Für die Menschheit wurde sie zum Jahrhunderttausende währenden Abenteuer von zentraler Bedeutung. Sie erschloß ungeheure Reserven hochkonzentrierter Nahrung, beschleunigte die Entwicklung von Geschicklichkeit und Gedächtnis, machte Arbeitsteilungen erforderlich, die Nutzung des Feuers notwendig, brachte in dieser Verbindung engere soziale Kontakte und die menschliche Sprache hervor. Vor allem die Großwildjagd als eine Form der aktiven Auseinandersetzung mit der Naturumwelt wurde zum treibenden Anreiz der gesellschaftlichen Entwicklung.

Ursprünglich waren aufrechter Gang, die frei gewordenen Hände mit ihrer allmählich erworbenen Beweglichkeit, die Fähigkeit zum gezielten Schlag und Wurf Voraussetzungen zur Jagd. Weitere Eigenschaften wirkten dabei vorteilhaft, wie das Blicken aus größerer Höhe, die Möglichkeit, schnell zu laufen und schwere Lasten über weite Strecken tragen zu können. Die Anstrengungen der Jagd riefen auf Kosten dichter Behaarung das Schweißdrüsensystem hervor, bauten subkutane Fettansammlungen ab. Der späte Homo erectus besaß alle diese inzwischen voll entwickelten Eigenschaften. Bei ihm als Großwildjäger wurden noch weitere Eigenschaften notwendig: der immer stärker entwickelte, zum komplizierten Denken befähigte Intellekt, größeres geistiges Aufnahmevermögen, besseres Gedächtnis und die Befähigung zum Planen und Denken. Sie waren notwendig, um Beziehungen zwischen dem Wild und der Landschaft oder den Jahreszeiten zu erkennen, um Beobachtungen über das Verhalten, den Einstand, spezielles Vorkommen von Wild in der Erinnerung zu speichern, um besondere Jagdmethoden zu entwickeln und anzuwenden und gemeinsam die Jagd zu planen. Die Auslese derartiger für die Evolution des Menschen wichtiger Eigenschaften bewirkten nun nicht mehr allein die natürlichen Umweltverhältnisse, sondern auch immer mehr die Anforderungen und Reize der vom Menschen selbst geschaffenen Situation seiner Beziehungen zur Natur, die gesellschaftlichen Charakter anzunehmen begann, zur gesellschaftlichen Umwelt des frühen Menschen wurde.

Kieferreste und Zähne vom Bären

Krallen, Zehenglieder und Mittelfußknochen vom Bären

Wir dürfen allerdings nicht vergessen, daß trotz seiner durch die Evolution hervorgerufenen Vorteile den geistigen Fähigkeiten des Homo erectus im 4. Jahrhunderttausend vor heute relativ enge Grenzen gesteckt waren. Er verstand es keineswegs, alle Möglichkeiten zu nutzen, welche die Natur ihm bot, ja, er beherrschte offenbar nicht einmal alle jene Jagdmethoden, die den primitivsten Jägerstämmen der Gegenwart bekannt sind! Seine Jagd diente ausschließlich dem Nahrungserwerb. Sie stützte sich auf einfachste, vorwiegend hölzerne Jagdwaffen und einfachste Jagdmethoden, die nur in einer wildreichen Gegend Erfolg versprachen. Sie zwangen die Jäger zu häufigem Ortswechsel in einem größeren Jagdbezirk; nur an vorzüglichen, ertragreichen Orten konnten sie zur längeren Rast verweilen. Zweifellos ist das Seeufer bei Bilzingsleben eine solche Stelle gewesen.

Seine Jagdwaffen besaßen nur ein bescheidenes Ausmaß an Angriffsstärke. Ihnen zur Seite standen Mut und Geschicklichkeit der Jäger und deren genaue Kenntnis des Wildes, seines allgemeinen Verhaltens, seiner Wehr- und Fluchtkraft, seiner Lebensgewohnheiten, des täglichen Aufenthaltes, der Einstände, Schlupfwinkel, Tränk- und Suhlstellen und Wechsel der Jagdtiere. Neben dieser Kenntnis stand noch ein hohes Vertrauen der Jäger auf die eigene Kraft und die Stärke ihrer bescheidenen Waffen. Die Jagd des Homo erectus war noch sehr abhängig von den jeweiligen Landschaftsverhältnissen, von den Witterungsbedingungen und von den Jahreszeiten. Sie verlangte allerdings auch die ständige Beobachtung des Wildes und der Landschaft, in der es sich jeweils aufhielt. Eine genaue Ortskenntnis und das Vermögen, sich an bestimmte Landschaften und Orte zu erinnern, förderten die Jagd ebenso wie auch höhere Gedächtnisleistungen und die Fähigkeit, Beobachtungen, Kenntnisse und Jagderlebnisse den anderen mitzuteilen. Die Großwildjagd verlangte von den Jägern eine immer engere gemeinschaftliche Zusammenarbeit, eine überlegte Ausführung, aber auch Erfindungsgeist, technisches Geschick und neue technische Hilfsmittel und Methoden. Das häufigere Fernbleiben der Männer vom Lagerplatz steigerte die Arbeitsteilung unter den Geschlechtern. Das Verteilen der herangeschleppten Beute unter die Mitglieder der Sozialgruppe brachte diese in einer bis dahin nicht dagewesenen engen Weise näher.

Wir müssen annehmen, daß die wichtigsten Jagdwaffen die aus Holz hergestellten Speere und Stoßlanzen gewesen sind. Bis auf spärliche Funde, z. B. Eibenholzspeere von Clacton on Sea in England und Lehringen bei Hannover (BRD), blieben sie nicht erhalten und sind uns weitgehend unbekannt. Das gleiche gilt für alle anderen hölzernen Jagdwaffen, zu denen wir angespitzte Pfähle, Keulen, Schlagstöcke und Wurfhölzer zählen können. Die Spitzen der Stoßwaffen und Speere waren nur brauchbar, wenn sie im Feuer gehärtet wurden, denn im gemäßigten Klimabereich gibt es keine von der Natur aus geeigneten, harten Hölzer. Sie mußten im frischen und daher weichen Zustand bearbeitet werden. Erst das Ankohlen über dem Feuer verlieh der Spitze eines derartigen, allerdings elastischen Gerätes aus frischem Holz genügend Härte, so daß man mit ihr auch dicke Pelze und feste Häute durchstechen konnte. Weiter standen dem Jäger dieser Zeit noch Steine zum Werfen zur Verfügung, aber keinesfalls zusammengesetzte Wurfwaffen oder gar Pfeil und Bogen. Die Kenntnis der Elastizität und ihrer Ausnützung als gespannte Sehne bei Schußwaffen wie komplizierten Fallen ist erst eine Errungenschaft des Homo-sapiens-Jägers während der jüngstvergangenen zwei bis drei Jahrzehntausende. Als weitere einfache Hilfsmittel zur Jagd dienten Grabstöcke zum Ausheben von Fallgruben und Feuerbrände. Spatenblattförmig zugerichtete Schulterblätter von großen Säugetieren, wie sie bei Bilzingsleben gefunden wurden, können ebenfalls gut beim Graben von Fallgruben verwendet worden sein. Die zahlreich vorkommenden Keulen aus Hirschgeweih und dolchartig zugespitzten Ellenbogenknochen sind wohl eine wirkungsvolle Ergänzung der hölzernen Jagdwaffen gewesen, über die der Bilzingslebener Urmensch verfügte.

Unter dem Niederwild spielte der Biber für den Jäger von der Steinrinne die größte Rolle. Er war offenbar leicht zu erlegen, wenn er außerhalb des Wassers Nahrung suchte und die Jäger lange genug im Versteck lauerten, um ihm den Rückweg abzuschneiden. Überall in den Auwäldern mußte die Anwesenheit des Bibers durch seinen typischen Fraß an den Bäumen, durch gefällte Bäume und Staudämme auffallen.

Wie er mit diesen Hilfsmitteln jagte, bleibt lediglich unseren Vermutungen überlassen. In einer ihm möglichen Weise übte er Angriffsjagd, Treib- und Verfolgungsjagd, Fallgrubenjagd und die Jagd aus dem Hinterhalt. Wir wollen uns einmal vorstellen, welche Methoden je nach Tierart möglicherweise angewandt wurden. Sie richteten sich nach Größe, Wehrhaftigkeit und Lebensweise der Jagdtiere sowie nach landschaftlichen Bedingungen.

Nahe dem Fluß; dessen Ufer von Erlen- und Weidengebüsch gesäumt werden, steigt über sumpfigem Röhricht ein mit Eichen und Linden bestandener grasiger Talhang auf. Er wird von Wasserrissen durchschnitten, die steil herabführen und den felsigen Untergrund – helle Muschelkalkbänke – freilegen. Sie beginnen auf einer flach gewellten, sanft in norwestlicher Richtung ansteigenden Hochfläche. Hier breiten sich krautige, mit hohen Stauden, Gebüsch und einzelnen Baumgruppen durchsetzte Wiesen aus. Sie sind in der frühsommerlichen Jahreszeit übersät mit den weißen, roten und blauen Blüten von Nelkengewächsen, Dolden- und Korbblütlern, von Steppensalbei und Bergziest, während ein leichter Wind die silbernen Grannen reicher Federgrasbestände zum Wogen bringt. Verstreut umherliegende Losung, das an zahlreichen Stellen niedergetretene Gras wie auch in den blühenden Sträuchern der wilden Rose und des Weißdornes hängengebliebene braune, wollige Haarbüschel verraten, daß sich hier die Weiden von Bisonherden befinden. Verbissene Lindenstämme und Sträucher deuten ebenfalls darauf hin. Breit zerstampfte Wildpfade führen von den fernen Hügelketten zu diesen Weiden. Sie finden sich am Rande der Hochfläche dort zusammen, wo die Wasserrisse beginnen, und ziehen durch diese hinab zu den Tränkstellen am Fluß.

Auf dem flachen Schuttkegel unter einer solchen schluchtartig verengten Hangkerbe sind mehrere Männer und Jugendliche, die sich nur halblaut mit kurzen Signalen unterhalten, eifrig beschäftigt. Einige haben lange Grabstöcke, die wie Spaten gebraucht werden, andere hölzerne Wühlhacken und Knochenschaufeln aus Schulterblättern. An zahlreichen Stellen des vom Wild festgestampften Bodens heben sie sorgfältig etwa knietiefe enge Gruben aus. Einige der Jungen, die den Jägern helfen, tragen ausgehobene Erde und Steine auf einer Tierhaut zur Seite. Ein älterer Jäger leitet die Gruppe an und deutet auf jene Stellen, wo noch Gruben fehlen. Sie werden alle so angelegt, daß sie in mehreren Reihen quer über den Wildwechsel verlaufen und, eng nebeneinanderliegend, ein Hindernis ergeben. Schließlich tarnen die Männer sie oberflächlich mit trockenen Stauden und Zweigen. Dann verschwinden sie lautlos in südlicher Richtung am Fuße des Talhanges den Flußlauf entlang, wo aus einem dichten Sumpfwald gelbe Irisblüten hervorleuchten.

Lange nach der Mittagsglut, die die Luft zum Flimmern brachte, finden sich die Jäger in kleinen Gruppen wieder ein. Jetzt sind sie mit Stoßlanzen und Speeren bewaffnet. Die über dem westlichen Horizont stehende Sonne zeigt den späten Nachmittag an. Im Schatten der Bäume klettern einige Jäger den Talhang hinauf und beobachten – versteckt hinter einigen Feuerdornbüschen – die Hochfläche. Einer weist in Richtung eines einige hundert Meter vom Tal liegenden Gehölzes. Erst vom Gegenlicht geblendet, erkennen jetzt auch die anderen zwischen Gebüsch und gleißenden Federgraswiesen, über denen Tausende von Insekten im Sonnenlicht schwirren und tanzen, die hohen Widerriste der Wisente, die dort offenbar nach ihrer mittäglichen Ruhe im schattigen Einstand allmählich zu den Tränken aufbrechen. Die Rücken schieben sich träge aneinander vorbei, auch die letzten Tiere verlassen den Schutz des Gehölzes. Man erkennt, wie wiederkäuend einige starke, riesige Wisente sich träge erheben. Die Herde umfaßt mindestens ein halbes Hundert Tiere. Zahlreiche Kälber springen zwischen den Alten umher, man vernimmt jetzt ihr Blöken und die tiefgrollende Antwort der Kühe und Stiere, denn immer mehr Bewegung und Leben kommt in die Herde, die sich zum Teil auf dem Weideplatz verstreut. Der Wind steht gut, denn er weht von der Hochfläche zum Tal; die

Auf verschiedene Tierarten konnten die Jäger vom Bilzingslebener See auch Treibjagden veranstalten. Möglicherweise brachten sie bei der Jagd auf wilde Pferde Erfolge. Umsichtige Planung und Vorbereitungen erforderte diese Art der Jagd: Günstige Geländeeigenschaften im Aufenthaltsgebiet der Wildpferde mußten ausgekundschaftet werden, die Jäger mußen die Zeit kennen, zu der sich die Herde am vorausbestimmten Jagdort einstellte. Der Fluchtweg abgetriebener Tiere mußte entsprechend den Geländeeigenschaften vorausberechnet werden. Hier lauerten Jäger im Versteck, um den schreckhaften Tieren den Fluchtweg abzuschneiden.
Dieses Beispiel soll zeigen, wie Homo erectus alle die ihm zur Verfügung stehenden Möglichkeiten, seinen Fähigkeiten gemäß, ausgeschöpft hat, um an seine begehrten Beutetiere heranzukommen.

Jäger am Talrand wittern bereits die scharfe Ausdünstung der Rinder. Nur einige der Jäger bleiben im Versteck, um weiter zu beobachten. Die anderen haben sich oberhalb der Steilwand der Schlucht im Hinterhalt verborgen. Drei von ihnen umgingen den Schuttkegel mit dem Hindernis im Tal, da sie so besser die gegenüberliegende Seite der Schlucht erreichen konnten.

Längere Zeit müssen sie warten. Nur allmählich sammeln sich die meist grasenden Wildrinder, um auf dem alltäglich benutzten Wechsel jener Schlucht zuzustreben, die zur Tränkstelle führt. Vorsichtig nähern sie sich ihr. Gespannt verfolgen die Jäger aus dem Hinterhalt jede Bewegung. Endlich steigen die ersten Tiere den abschüssigen Pfad hinab; die Herde drängt ihnen schneller nach.

Jetzt ist für die Jäger der günstige Augenblick gekommen! Sie beginnen plötzlich ein großes Geschrei, mehrere schleudern große Steine in die Schlucht, in der sich erschreckt die Wisente drängen und in wilder Flucht zum Tal eilen. Die Schlucht ist zu eng, um alle Tiere auf einmal durchzulassen; während sich im unteren Teil die Tiere zusammendrängen, stauen sie den nachstürzenden Strom und erzeugen damit noch mehr Verwirrung. Steine lösen sich unter den Hufen und poltern zu Tal, eine Staubwolke steigt auf und mischt sich mit dem zornigen, ohrenbetäubenden Gebrüll der Stiere und ängstlichen Blöken der Kälber. Schließlich bricht die Herde aus der Schlucht hervor. In diesem Augenblick wirkt sich für sie ganz verhängnisvoll das Hindernis der Jäger aus! Man erkennt, wie einige Tiere plötzlich stürzen, sich überschlagen oder aufbäumen und so ein neues Hindernis für nachdrängende Tiere bilden, die nun seitlich am Hangfuß ausweichen müssen. Wutschnaubend und mit Gebrüll stürzen sie in zwei Richtungen im Tal davon. Einige Stiere wenden sich, senken den Kopf mit den starken, weit ausladenden Hörnern, einem ihnen unbekannten Feind entgegen, bereit zum Angriff. Auch sie folgen schließlich den versprengten Teilen der Herde. Zurück bleiben zwei mächtige Wisente. Der eine hat im Hindernis beide Vorderbeine gebrochen und sich dabei überschlagen. Mühsam unternimmt er den aussichtslosen Versuch, angesichts der herbeieilenden Jäger aufzustehen. Mit blutunterlaufenen Augen und mit den Hinterläufen ausschlagend, empfängt er die Jäger, die mit ihren Stoßlanzen von den Seiten auf ihn eindringen – eine leichtere Beute als jener zweite Stier, der, nur an einem Hinterbein verletzt, sich aufbäumt und seine Widersacher mit gesenkten Hörnern annimmt! Es kommt zu einem gefährlichen Kampf, und nur schwer können die Jäger trotz ihrer Behendigkeit dem wütenden Tier ausweichen, denn Dornengestrüpp und Steilhang behindern sie. Doch einem gelingt es schließlich, mit aller Kraft eine starke Lanze in die Schulter zu stoßen und den Stier so zu verletzen, daß er beim weiteren Kampf mit zahllosen Wunden und blutigem Schaum vor dem Maul röchelnd zusammenbricht. Ein drittes Tier, eine kleinere Kuh, konnte den Jägern aus dem Stolperhindernis entkommen. Aber weiter aufwärts in der Schlucht liegen noch zwei Kälber, die bei der überstürzten Flucht erdrückt und von zahllosen Hufen zertrampelt wurden. Also insgesamt ein großer Jagderfolg!

Die größten Tiere, die gejagt wurden, waren zweifellos die Elefanten und Nashörner. Von beiden treten unter der Bilzingslebener Jagdbeute jeweils zwei Arten auf, eine mehr an Waldlandschaften und eine andere, mehr an steppenartige Landschaften gebundene Art. Ihr Verhalten mag jenem ähnlich gewesen sein, wie wir es heute noch bei den indischen und afrikanischen Elefanten und Doppelnashörnern beobachten können.

Die Waldelefanten erreichten im ausgewachsenen Zustand 4,5 bis 5 m Schulterhöhe und hatten – wie es unsere Funde von der Steinrinne zeigen – 3,5 m lange und sicherlich noch längere Stoßzähne. Ihr Lebendgewicht kann bis zu 5 Tonnen betragen haben. Wie die heutigen Elefanten lebten auch sie in Herden von zehn bis 50 Stück, liebten bewaldete und bergige Landschaften, ohne die offenen zu meiden. Voraussetzungen waren schattige Einstände und Wasserstellen. «Eine Bedingung muß der von ihnen gewählte Aufenthaltsort stets erfüllen: an Wasser darf es

Nicht immer gelang es, sich die Beute sofort zu sichern. Oft wurde sie flüchtig, um unterwegs weidwund auf der Strecke zu bleiben und zu verenden. Zuweilen wurde sie von den Jägern aufgespürt. Doch dann hatten sie schon Raubtiere, Raub- und Aasvögel in Besitz genommen. Diese mußten erst vertrieben werden; vielleicht hat man sie auch erschlagen und als willkommene Zufallsbeute mit ins Lager gebracht, wie aufgefundene Raubvogelkrallen bezeugen können.
Die hier gezeigte Heidelandschaft mit Kiefernwäldern war ein Landschaftstypus, der während der Holstein-Warmzeit wahrscheinlich auf den nährstoffarmen, trockenen Böden der benachbarten Windleite entstand.

nicht fehlen. Von einem Regenstrome zum anderen, von diesem Sumpfe oder Pfuhle zum nächsten führen die Wechsel, und jede Lache bildet unterwegs einen Ort der Ruhe, der Erquickung, weil sie stets benutzt wird, die Haut durch Bäder oder wenigstens durch Überspritzen zu nässen, zu säubern und von Kerbtieren zu reinigen.» (Alfred Brehm) Ähnliche Lebensräume mit zahlreichen Wasserstellen lieben die Nashörner. Und so muß uns die teilweise mit Sümpfen durchsetzte Tallandschaft der Wipper vor 350000 Jahren in der Nähe des Sees und der Travertinquelle als ein idealer Aufenthaltsort für derartiges Großwild erscheinen! Hier befanden sich die Tränkstellen und zahlreichen Suhlen. Breite Pfade und Wechsel, die in Gebüsch und Dickungen hineingebrochen und getrampelt waren, durchzogen Sümpfe und Waldungen.

Die Elefanten führen ein unstetes Leben. Sie sind in einem großen Gebiet ständig unterwegs. Nach dem Äsen suchen sie in der Regel einen anderen Teil ihres Gebietes auf. Sie bewegen sich rasch und stetig, heute hier, morgen mitunter bis zu hundert Kilometern weiter entfernt auftauchend. Dabei folgen sie regelmäßigen Wechseln oder bahnen sich auch neue, da sie kaum Hindernisse kennen. Sie übersteigen Schluchten und Steilhänge, durchqueren sumpfige Auen und Flüsse, orientieren sich nach Geruch und Gehör, sind scheu und vorsichtig. Es ist daher schwierig, für eine erfolgreiche Jagd die Bewegungen der Herden ständig zu beobachten.

In den Herden überwiegen die weiblichen Tiere; etwa 6 bis 8 entfallen auf ein männliches Tier. In der Regel kommen von den Jungen, die nach der Geburt bereits 90 cm hoch sind, bis zu den ausgewachsenen alten Tieren alle Altersstadien in den Herden vor. Um aus diesen Herden Tiere zu erjagen, muß bei der Gefährlichkeit und Aufwendigkeit der Jagd Homo erectus angesichts der weniger fleischreichen, aber häufiger vorkommenden Beutetiere, wie Hirsche, Wildpferde und Wildrinder, rentable Jagdmethoden gekannt haben, die ihm derartige Beute sicherten. Aufwendige Treibjagden, die auch heute in Afrika Hunderte bis Tausende von Menschen benötigten, kommen kaum in Frage, da die Jägergemeinschaften des Homo erectus viel zu klein waren, die Durchsiedlung der mitteleuropäischen Landschaft nach unseren Vorstellungen viel zu gering war und daher Kontakte zwischen einzelnen Jägergruppen vielleicht gar nicht oder nur selten und schwierig über große Entfernungen zustande gebracht werden konnten. Angesichts der Bewaffnung mit hölzernen Speeren und Lanzen ist eine direkte Angriffsjagd auf Einzeltiere nicht vorstellbar, denn diese Waffen eigneten sich kaum dazu, die dicke Lederhaut an den Stellen des Körpers zu durchdringen, wo dem zählebigen Tier sofort eine tödliche Verletzung beizubringen war. Aber eine solche war deshalb notwendig, da ein verletzter Elefant, falls er den Jäger nicht angreift, auf seiner Flucht im Tempo von 20 bis 25 km in der Stunde riesige Strecken überwindet. Dem weidwunden Tiere zu folgen und den Leichnam aufzuspüren, der dann schon von Raubwild in Besitz genommen worden sein dürfte, vielleicht die ganze Gruppe über große Entfernungen nachzuholen muß für Homo erectus unrationell und meist auch undurchführbar gewesen sein. Eine Angriffsjagd war daher sicher nur unter günstigsten Umständen von Erfolg gekrönt. Daß Homo erectus dann auch die Gelegenheit dazu wahrnahm, ist durchaus vorstellbar angesichts der Unerschrockenheit, des Mutes und hohen Selbstvertrauens einfacher Jäger der Gegenwart, so z. B. des Pygmäen, der sich, mit Elefantenlosung eingerieben, bis unter den Körper eines Elefanten schleicht, um mit seiner allerdings eisenbewehrten Lanze einen tödlichen Stich in die Weichteile des Tieres anzubringen! Aber uns bleibt hinsichtlich der Rentabilität nur die Annahme von Fallgrubenjagd und bestimmter Treibjagdmethoden mit Feuerbränden auf kleinere Teile von Elefantenherden. Die erstere war in der Nähe der Tränk- und Suhlstellen möglich, wo im weichen Boden auf den Wechseln beileibe nicht körpergroße Fallgruben ausgehoben wurden, sondern lediglich Gruben, deren Größe genügte, um

Homo erectus hat nicht nur gejagt. Ihm mundeten auch Fische. Sie waren relativ groß. Daher nehmen wir an, daß er sie mit dem Speer in der damaligen Wipper, in Altwässern oder dem Bilzingslebener See erbeutete. Der Fang von Fischen mit reusen- und netzartigen Geräten war ihm nicht möglich; das sind Methoden, die erst Jahrhunderttausende später erfunden wurden. Fische sind für ihn vielleicht auch nur eine Art von Ersatznahrung gewesen, wenn die Jagd nicht mehr erfolgreich genug verlief.

kleinere Tiere einzuklemmen oder größere zu Fall zu bringen und in ihrer Flucht zu behindern. Der hohe Prozentsatz von Klein- und Jungtieren unter der Bilzingslebener Elefantenbeute deutet darauf hin, denn die Jungtiere und Mütter gehen jeweils der Herde voraus. Die Gruben hatte man mit darübergelegten Ästen und Zweigen getarnt. Wahrscheinlich wurde noch Elefantenlosung daraufgestreut. Diese Gruben konnte man später wieder benutzen. Eine andere Möglichkeit, Elefanten zu erlegen, boten die tiefen Suhllöcher der Tiere. Man konnte sie mit spitzen Pfählen spicken, die dem Elefanten unsichtbar blieben, wenn die Suhle wieder mit Wasser vollgelaufen war.

Treibjagden auf Elefanten konnten die Jäger offensichtlich nur mit dem Einsatz von Feuerbränden durchführen. Dabei gelang es vielleicht, unter Ausnutzung günstiger Geländeeigenschaften Teile der Herde abzudrängen und die vor dem Feuer furchtsamen Tiere in tiefe Moraste zu jagen, wo sie auf Grund ihres Körpergewichts so tief einsanken, daß sie fluchtunfähig wurden und sich nicht mehr befreien konnten. Nach Tagen ermatteten sie so sehr, daß die Jäger sie zu töten und zu bergen vermochten. Diese Art der Elefantenjagd würde uns auch erklären, warum alle möglichen Altersstadien der Elefanten unter der Beute von der Steinrinne vorkommen.

Die Angriffsjagd mit Holzwaffen auf Nashörner ist ebensowenig vorstellbar wie bei Elefanten. Die Wald- und Steppennashörner zur Zeit des Bilzingslebeners sind wohl ähnlich wie das schwarze Nashorn Afrikas unberechenbar und angriffslustig gewesen, verteidigten grimmig ihre Jungtiere und nahmen in blinder Wut ihre Gegner an. Die bis 2000 kg schweren Tiere stürmen dabei mit gesenktem Horn auf den Gegner los, der sich nur mit einem seitlichen Sprung retten kann. Verwundet wird das Nashorn zu einem äußerst gefährlichen Tier, so daß ein Speerwurf oder anderer Angriff sofort tödlich wirken muß. Auch bei einer starken Verletzung verfügen die Nashörner noch über eine große Fluchtkraft. Es ist unwahrscheinlich, daß Homo erectus mit seinem Holzspeer die harte, trockene, verhornte Lederhaut durchbohren und somit auf diese Weise das Nashorn erlegen konnte. Auch bei diesen nur einzeln oder in kleinen Gruppen lebenden Tieren brachte die Fallgrubenjagd den größten erhofften Gewinn. Es genügten auf den fest eingehaltenen Wechseln ausgehobene und getarnte kleinere Gruben, die sich nach unten verengten und zusätzlich mit spitzen Pfählen präpariert sein konnten. Treibjagd mit Feuer auf Nashörner wurde wohl nicht ausgeübt. Es gibt auch heute keine Parallelen dazu.

Da Elefanten und Nashörner unter den großen Raubtieren keine ernstlichen Gegner besitzen, ist überhaupt nicht daran zu denken, daß ein Teil der Großwildbeute des Homo erectus von Rissen stammt. Sie wurde von ihm in jedem Falle mühsam erjagt. Aber sicher hat er auch die Risse der großen Raubkatzen nicht verschmäht, so von diesen erbeutete Wildrinder, Pferde, Hirsche und kleinere Tiere. Sie jagten sie ihnen ab oder holten sich die Überbleibsel vom Riß, die Löwe oder Panther von nächtlich erlegter Beute zurückließen und deren Lage frühmorgens anfliegende Aas- und Raubvögel dem Menschen zeigten. Aber durch diese Methode der Aneignung von Fleisch ist das Vorhandensein von Großwildknochen am Lagerplatz des Homo erectus nicht zu erklären. Auch sonst war sie zu unrationell angesichts der großen Konkurrenz unter den Jagdparasiten und Aasfressern, wie Wölfen, Füchsen, Hyänen, Raub- und Aasvögeln.

Wir erkennen, daß bei der Großwildjagd wohl die Fallgrubenjagd die größte Rolle gespielt hat. Die Angriffsjagd war angesichts der unzulänglichen Bewaffnung zu gefährlich und unrentabel. Sie wurde nur bei günstigen Gelegenheiten ausgeübt. In ihren Ausmaßen keineswegs körpergroße Fallgruben, sondern kleinere Gruben von bestimmter Gestalt und Bewehrung wurden angelegt. Ihre Wirkung bestand im Festhalten, Einklemmen, Einbrechen, Verfangen und anschließendem Beinbruch, also im Hervorrufen von Fluchtunfähigkeit und der Verminderung der Wehr- und Angriffskraft der großen Beutetiere. Diese blieben hinter der

Das Fleisch großer Beutetiere konnte von einer Gruppe des Homo erectus nicht auf einmal bewältigt werden. Der große Rest mußte beizeiten verderben. Bei allem individuellen und gemeinschaftlichen Aufwand und der Gefährlichkeit des Einsatzes muß man sich fragen, ob dieser Urmensch nicht auch schon einfachste Verfahren kannte, um das Fleisch wenigstens kurzfristig haltbar zu machen, z. B. in Art des Fleischtrocknens an der Luft. Dadurch wäre er in der Lage gewesen, den schnellen Verderb zu verhindern und das Fleisch mindestens so lange genießbar zu erhalten, bis es von der Horde aufgebraucht wurde.

fliehenden Herde zurück und fielen den angreifenden Jägern zum Opfer.

Es ist möglich, daß auch die großen Bären, die unter der Jagdbeute des Bilzingslebener Urmenschen so häufig sind, weniger im direkten Angriff als vielmehr mit Hilfe von Fallgruben und Hindernissen gejagt wurden. Bären halten an ihren Wechseln fest. Sie treffen täglich zu bestimmten Zeiten an bestimmten Stellen ein. Da ein derartiges Verhalten unseren listigen Steinzeitjägern auffallen mußte, können wir ihnen die Hindernisjagd mittels Fallgruben, aber angesichts ihrer Gewandtheit und Unerschrockenheit auch den gemeinsamen Überfall aus dem Hinterhalt und Angriff auf den regelmäßig seine Wechsel benutzenden Bären zutrauen.

Den gewaltigen Ur hat man wohl seltener erjagen können. Er lebte nicht in Herden, bezog einzeln seine Einstände in Sümpfen und im Ried. Er konnte nicht in Fallgruben erbeutet werden. Offensichtlich gelang es in einzelnen Fällen, dem Auerochsen aufzulauern und ihn im überraschenden Angriff zur Strecke zu bringen.

Anders wurden Wildpferde gejagt. Als äußerst scheue Tiere leben sie in größeren Herden. Ihre große Fluchtkraft gab einer Angriffs- oder Verfolgungsjagd keine Chancen. Aber unter Ausnutzung ihrer Scheu und Schreckhaftigkeit konnten geschickt ausgeführte Treibjagden rentabel sein. Vielleicht bediente sich Homo erectus dabei auch der Feuerbrände. Auf dem vorausberechneten Fluchtweg der Pferde wurden Jäger postiert, die dem flüchtenden Wild plötzlich entgegentraten, es vielleicht auch mit sperrigen Ästen und Knüppeln zu Fall brachten und mit den Speeren zu erlegen versuchten. Auch ein Treiben der Pferde in natürliche Hindernisse oder Hinterhalte, wie Schluchten oder Steilabhänge, kann von Erfolg gekrönt gewesen sein.

Die Jagd auf Hirsche, vor allem Rothirsche, seltener Damwild, brachte sicherlich weniger Gefahren als die Jagd auf Großwild. Der auflauernde Jäger erlegte sie aus dem Hinterhalt mit Speer oder Lanze. Anders können auch die Wildschweine nicht gejagt worden sein. Wenn sie unter der Beute selten sind, ist das wohl auf ihre Wehrhaftigkeit und den angesichts der geringen Fleischmenge, die Schweine bieten, zu gefährlichen Einsatz zurückzuführen. Daß eine Jagd auf das wilde Schwein wiederholt erfolgreich auslief, zeigen uns prächtige Gewehre, also Hauer, die einst starken Keilern gehörten und vielleicht auch schon für die Homo-erectus-Jäger gewissen Wert als Trophäen hatten. Rehe sind ebenfalls seltener erbeutet worden, denn sie bilden nur kleine Trupps, sind relativ klein, scheu und flüchtig und leben in Dickungen – alles Gründe, die dem mit dem Speer bewaffneten Jäger diese Beute entziehen.

Aber die Jagd auf die in der Wipperaue lebenden Biber, auch den viel größeren Altbiber, muß lohnend gewesen sein! Ihre Reste sind so reichlich, daß man Biber als eine fast tägliche Beute betrachten kann. Biber führen ein scheues Dasein, entfernen sich aber auf dem Ufer bis zu 50 Schritt von den ihnen Sicherheit bietenden Gewässern, um Nahrung und Baumaterial zu holen. Auf dem Land ist der Biber recht unbeholfen, seine Flucht besteht in plumpen Sätzen. So war es möglich, Biber aus dem Hinterhalt mit Steinen oder Keulen zu erschlagen, nachdem man ihnen den Fluchtweg zum Wasser abschnitt.

Sonst übte der Bilzingslebener Urmensch die Jagd auf Niederwild nur selten und gelegentlich aus, nämlich nur dann, wenn der Zufall ihm unterwegs eine Aussicht auf Erfolg versprach. Sie ist zu aufwendig und wenig einträglich. Das gleiche gilt für die Vogeljagd. Die gelegentlich vorkommenden Reste von Wasser-, Stelz- und Greifvögeln dürften auch nur auf Zufallsbeute oder vielleicht auf von Halbwüchsigen gleichsam im Spiel ausgeübte Jagd zurückzuführen sein.

Anders sind die reichlich vorhandenen Fischreste zu deuten. Zwar sind die dünnen Gräten nicht erhalten geblieben, aber die Schlundzähne großer karpfenartiger Fische und Wirbel mit 3 cm Durchmesser, die offensichtlich von etwa 2 m langen und noch größeren Flußfischen, so dem Wels, stammen können. Sie lassen erkennen, daß dem Bilzingslebener Fische als Nahrung nicht unbekannt waren, ja daß sie ihm sogar mundeten und daher öfter erbeutet wurden. Während Jugendliche sicherlich kleinere Fische in den Hinterhalt ins flache Wasser trieben, um sie dann mit den Händen herauszufangen, konnten die großen Fische besser mit dem Speer erlegt werden. Reusen oder ähnliche Fanggeräte anzunehmen erscheint uns als zu spekulativ.

Alle die geschilderten Jagdmethoden garantierten einen vollen Ertrag nur in der günstigeren Jahreszeit und konnten auch nur in dieser angewandt werden. Wir dürfen uns vorstellen, daß bei allem aktiven Anpassungsvermögen an teilweise widrige Umweltverhältnisse, über das der späte Vertreter des Homo erectus bereits verfügte, auch winterliche Verhältnisse kein Hindernis für ihn darstellten. Zwar gab es während seiner Aufenthaltszeit am Bilzingslebener See recht milde Winter, doch brachten sie auch Frost, Schnee und zumindest kalte und nasse Wochen. Wir wollen nicht annehmen, daß er gezwungen war, in südlichere Gebiete über riesige Strecken auszuweichen, doch gab er wenigstens in seinem Jagdrevier die Freilandsiedlungen zeitweise auf und suchte besser schützende Plätze, z. B. Höhlen, wie sie zu jeder Zeit in den Dolomitriffen am Fuße des Thüringer Mittelgebirges oder in den Anhydrithängen des nahen Kyffhäusergebirges und Unterharzvorlandes existierten. Allerdings wurden in der winterlichen

Jahreszeit andere Jagdmethoden notwendig. In Herden lebendes Großwild zog in fernere Weidegründe ab oder wurde unbeständiger, da es weite Strecken auf der täglichen Futtersuche zurücklegen mußte; verschiedene Tiere zogen sich in ihre Schlupfwinkel zum Winterschlaf zurück. Jetzt stöberten die Jäger die Bären in ihren winterlichen Verstecken in den Schluchten und Felspartien der Hainleite auf, sie gruben die schlafenden Dachse aus ihren Bauen, und mehr denn je wurden die Hirschrudel gejagt. Öfter standen die Jäger vor ihren Nahrungskonkurrenten, so hungrigen Wölfen, dem Luchs, einer ranzenden Wildkatze oder einem Fuchs.

Trotz des Wildreichtums wird die Jagd nicht immer erfolgreich verlaufen sein. Oft genug mußten sich die Mitglieder der kleinen Gemeinschaft am See bei Bilzingsleben mit gesammelter Nahrung oder kleineren Tieren, vielleicht auch den Fischen, behelfen. Wir dürfen nicht annehmen, daß jeden Tag, besonders während der winterlichen Jahreszeit, auch der Mindestbedarf an Fleisch und Innereien gesichert war.

Die Jagd allein kann in einer relativ wildreichen Landschaft nur eine kleine Gruppe von Menschen ernähren, vor allem, wenn sie sich wie Homo erectus primitiver Jagdmethoden und Bewehrung bedienen muß. Im Vergleich mit heutigen einfachen Jägerstämmen können wir uns daher eine Vorstellung davon machen, wie groß etwa die Gruppe, die damals durch die thüringischen Wälder und Waldsteppen schweifte, gewesen sein mag. Vielleicht umfaßte sie 30 bis 40 Personen. Nehmen wir einen Mindestbestand von 30 Personen an, so läßt sich weiter vorstellen, daß sich diese Gruppe vorwiegend aus Erwachsenen und Halbwüchsigen sowie relativ wenig Kindern und Alten zusammensetzte. Für eine solche Gemeinschaft, die sich von der Jagd ernährte, kann man einen durchschnittlichen täglichen Mindestbedarf von 2000 kcal pro Person, also von 60000 kcal für die ganze Gruppe annehmen. Hundert Gramm Fleisch liefern etwa 150 bis 400 kcal. Um den gesamten Kalorienbedarf der Gemeinschaft zu decken, war also durchschnittlich eine tägliche Fleischmenge von 30 kg Gewicht notwendig. Das wiederum entspricht einem Lebendgewicht von 60 kg, denn die Jagdbeute besteht nicht nur aus verwertbaren Fleischteilen und Innereien. Diese Menge konnten wenigstens zwei große Biber oder ein mittlerer Hirsch liefern, während ein starker Hirsch mit etwa 250 bis 270 kg Lebendgewicht bereits vier Tage ausreichte, mit einem 500 bis 800 kg schweren Bison aber schon der Unterhalt für eine Woche bestritten werden konnte.

Aus solchen Überlegungen geht auch hervor, daß es für Homo erectus nicht unbedingt notwendig war, täglich einen großen Säuger zu erlegen, und wie vorteilhaft und deshalb rationell für ihn die Anstrengungen einer relativ gefährlichen Großwildjagd gewesen sind. Allerdings konnte die Jägergemeinschaft gerade noch ein großes Beutetier, wie es ein Bison darstellt, vollständig bewältigen. Das war nicht mehr bei einem erbeuteten Nashorn oder Elefanten der Fall. Die 3 bis 4 Millionen kcal, die ein Elefant bot, konnten nur zum Teil sofort verwertet werden, während der große Rest eventuell doch in konservierter Form einige Zeit gespeichert und erst später nach unergiebiger Jagd aufgebraucht wurde.

Für Homo erectus war die Großwildjagd ein zentrales und tägliches Problem. Uns erscheint sie heute als Ausdruck einer gezielten und bewußten Einwirkung auf die Naturumwelt, als einer Erscheinung, in der sich das Menschsein des Homo erectus manifestierte. Untrennbar mit der Feuernutzung, mit neuen technischen Errungenschaften und mit dem Vorstoß in neue Lebensräume sowie im Wechselspiel mit weiteren biologischen wie gesellschaftlichen Entwicklungsphänomenen wird sie zum Maßstab eines bedeutenden Abschnittes menschlicher Evolution. In ihm entstanden die Voraussetzungen für die weitere aktive Erschließung bis dahin ungünstiger Lebensräume, wie sie die Kältesteppen und Tundren darstellten. Im Verlaufe der beiden letzten Eiszeiten gelang es dem Homo sapiens, sie zu bezwingen.

Das natürliche Milieu

Wichtigste Voraussetzungen für die Existenz der Jäger am Bilzingslebener See waren zum einen die natürlichen Umweltbedingungen, zum anderen ihr eigenes Vermögen, die Umwelt kraft wirtschaftlicher und gesellschaftlicher Fähigkeiten zu bewältigen. Daraus geht bereits die Bedeutung einer möglichst umfassenden Analyse der ehemaligen Umweltverhältnisse hervor. Dazu gehören Reliefgestaltung, Wasserhaushalt, Vegetationsverhältnisse, Zusammensetzung und Reichtum der Tierwelt, klimatische Bedingungen. Im gemäßigten Klimagebiet mit seinem strengen jahreszeitlichen Ablauf ist ein reicher Wildbestand eine der hauptsächlichsten Voraussetzungen. Während relativ warm-trockener Verhältnisse hat Homo erectus in Thüringen diese Voraussetzungen gefunden. Eine durch offene Biotope aufgelockerte Waldlandschaft bot zahlreichen in Rudeln und Herden lebenden großen Pflanzenfressern günstige Bedingungen. Unser Bild zeigt einen Ausschnitt der Umwelt, wie sie die Urmenschen von der Steinrinne täglich erlebten. Wir blicken in das Wippertal, das im Gegensatz zur heutigen, künstlich veränderten Landschaft von zahlreichen Flußarmen und teils verlandeten Altwässern durchzogen wurde. Kiesflächen wechselten mit dichten Weidengebüschen und Auwäldern. Inmitten dieser Flußlandschaft sehen wir eine größere Herde von Waldelefanten, die sich hier zum Bad und zur Tränke eingefunden hat. Man kann sich vorstellen, wie sie in allen ihren Bewegungen von den Jägern beobachtet wird. Sicher wußten diese in ihrem Jagdgebiet gut Bescheid, kannten die für eine Jagd guten Stellen mit vorteilhaften Geländeeigenschaften und orientierten sich ständig über das Verhalten der großen Pflanzenfresser, die sich in diesem Gebiet aufhielten.

Gerade die Jagd läßt die Bedeutung der Naturumwelt für den frühen Menschen erkennen. Die Kenntnis der ehemaligen Umweltverhältnisse und der Umweltbeziehungen dieser Menschen wird zu einem wesentlichen Teil der Erforschung der menschlichen Abstammungsgeschichte. Nur fehlen an den Fundstellen oft genug die zur Rekonstruktion ehemaliger Umweltverhältnisse notwendigen Voraussetzungen in Form verschiedener Fossilien; nicht so aber bei der Fundstelle auf der Steinrinne!

Hier deuten bereits zahlreiche geologische und morphologische Besonderheiten auf den Charakter des von den Jägern ausgewählten Standortes hin. Wir haben ihn kennengelernt als einen Rast- und Lagerplatz am flachen Ufer eines Sees an der Stelle, wo ein Quellbach einmündete. Der See lag in der breiten Aue des damaligen Wippertales unterhalb des westlichen Talhanges in der Nähe starker, kalkhaltiger Quellen. Doch können wir zusätzlich noch mehr Einzelheiten über die Umwelt- und auch ganz speziell die Klimaverhältnisse des Bilzingslebener Urmenschen aus den zahlreich erhaltenen Spuren des pflanzlichen und tierischen Lebens erschließen. Wir sprechen dabei von «biologischen Milieu- und Klimazeugen», während jene geologischen und geomorphologischen als die «lithogenetischen Zeugen» bezeichnet werden. Sie werden durch die Besonderheiten der Gesteine, Lagerungsverhältnisse und ehemaligen Oberflächenformen bestimmt.

Als wichtige Zeugen ehemaliger Umweltverhältnisse blieben im konservierenden Kalksinter der Travertindecke von der Steinrinne Pflanzenstrukturen ausgezeichnet erhalten. Eine Platte zeigt eine herbstliche Laubfallschicht. Abdrücke von Buchsbaum-, Eichen- und Haselblättern, aber auch von beerenartigen Früchten sind erhalten (oben).

Blattabdrücke von Hasel und Kornelkirsche

So wie wir es bei Naturvölkern heute kennen, stöberten sicherlich auch die Menschen von der Steinrinne gern die Nester der wilden Bienen auf, um sich, ungeachtet der Stiche, des begehrten Honigs zu bemächtigen.

Wir gehen bei der Erschließung von Umwelt- und Klimaverhältnissen einer vergangenen Zeit davon aus, daß die gegenwärtig beobachtbaren geologischen Vorgänge auch in der erdgeschichtlichen Vergangenheit die gleichen Wirkungen und Erscheinungsformen verursachten und die Lebewesen zumindest ähnlich auf bestimmte Umwelt- und Klimaeinflüsse reagierten wie zur Gegenwart. Dazu kommt der große Vorteil, daß zahlreiche im Eiszeitalter nachweisbare Tier- und Pflanzenarten auch heute leben und daher in ihren Verhaltensweisen, Anpassungserscheinungen und ihren Ansprüchen an ganz bestimmte Umweltbedingungen einigermaßen gut bekannt sind, somit also vergleichende Untersuchungen und Aussagen möglich werden.

Ganz verschiedene Fossilgruppen können bei der Fundstelle auf der Steinrinne für die Rekonstruktion der ehemaligen Lebensgemeinschaft und deren Umweltverhältnisse herangezogen werden. Es sind die im Wasser wie auf dem Lande lebenden zahlreichen Arten von Mollusken, also Schnecken und Muscheln, die einst im See und Bach lebenden Muschelkrebse, dann die verschiedensten Wirbeltiere, wie Fische, Frösche, Vögel, Klein- und Großsäuger, die wir zum Teil schon als Jagdbeute kennenlernten, einzelne Funde von Insekten und ein im Travertin wunderbar erhaltener umfangreicher Komplex der einstigen Pflanzengemeinschaft, die am

Eine im Abdruck erhaltene Laubfallschicht aus Feuerdornblättern

Feuerdorn kommt heute nicht mehr natürlich in Thüringen vor. Hier stark fruchtende Sträucher aus dem Mittelmeergebiet (Südfrankreich)

Neben der Jagd spielte das Sammeln von Nahrung in den warmzeitlichen Landschaften Mitteleuropas zwar nicht die hauptsächliche, aber doch während der besseren Jahreszeit eine bedeutende Rolle. Wie wir aus den Pflanzenfossilien von der Steinrinne entnehmen können, bot die Natur vom Frühjahr bis Herbst genügend Gelegenheit zum Einsammeln von Pflanzensprossen, Zwiebeln, eßbaren Kräutern, Nüssen, Beeren, Steinfrüchten und Samen, darüber hinaus auch von Kleingetier, Eiern, Honig und Pilzen. Ohne Zweifel hat Homo erectus dieses Nahrungsangebot nicht verschmäht. Ein Teil solcher Nahrung wurde bereits während des Sammelns verspeist, aber wie die Jagdbeute, so wird auch ein größerer Teil gesammelter Nahrung zum Rastplatz gebracht worden sein. Eier- und Muschelschalen, die wir dort fanden, deuten das an. Dieser späte Vertreter des Homo erectus muß allerdings einfache Behältnisse gekannt haben, beispielsweise Fellbeutel.

und im See lebte. Dazu gehörten nicht allein Bäume, Sträucher, Gräser, Kräuter und Moose, sondern auch die im See gedeihenden Algen, besonders die Armleuchteralgen, die mit ihren kalkigen Skelettresten, so Sproßteilen und Oogonien, stellenweise die Seeablagerungen zusammensetzen.

Hier wollen wir nun nicht alle speziellen Methoden, ihre Wege und Ausdeutungsmöglichkeiten schildern, die zu unserer Kenntnis der Landschafts- und Klimaverhältnisse des Homo erectus vor 350 000 Jahren in Thüringen geführt haben, sondern vielmehr das Bild dieser Verhältnisse so entwerfen, wie es uns diese Untersuchungen gestatten:

Das Relief und die geographischen Besonderheiten der Thüringer Landschaft, speziell an der Südabdachung der Hainleite, sind so ähnlich gewesen wie heute. Es bestanden warmzeitliche

Sumpflandschaft mit Erlenbruch im Wippertal

Parkähnliche Auenlandschaft im Wippertal

Verhältnisse eines gemäßigten Klimas, die den heutigen etwa glichen, so daß wir demnach auch Vegetationsverhältnisse annehmen können, die den heutigen entsprechen. Wir finden sie noch an den wenigen natürlichen Standorten unserer durch menschliche Eingriffe stark veränderten Kulturlandschaft.

Diese Feststellung über den allgemeinen Landschaftscharakter enttäuscht uns zunächst, da wir uns Elefanten, Nashörner, Herden von Wildrindern und Wildpferden sowie den Löwen gewöhnlich nur in einer exotischen Landschaft vorstellen können. Doch handelt es sich hier um eiszeitliche Tierarten, die durchaus an die Verhältnisse im gemäßigten Klimagebiet angepaßt waren. Im Gegensatz zu heute muß ihr Lebensraum nicht nur ursprünglicher, sondern auch urwüchsiger und in manchen Details anders gewesen sein. Rings um den Bilzingslebener See mit seinen gelblichen oder gar leuchtend weißen Travertinkaskaden dehnte sich eine etwa 500 m breite, von der Wipper in Mäanderschlingen durchflossene Aue aus, die sich in östlicher Richtung öffnete und in zunehmendem Maße von großflächigen Sümpfen mit Schilfrohrdickichten durchzogen war. Dichte Sumpf- und Auwälder umsäumten sie am Fuße der Talhänge oder auf flachen Horsten, die das Sumpfgelände überragten. Weiter stromauf zur Hainleite wurde das Tal enger und mag in seiner gesamten Ausdehnung von solchen Wäldern bedeckt gewesen sein. Nur hin und wieder blieb ein Zugang zur Wipper oder einem mit Seerosen bedeckten Altwasserarm offen. Diese Wälder bildeten auf den sumpfigen Übergangszonen ausgedehnte Erlenbrüche, auf den weniger versumpften Stellen Mischwälder aus Eichen, Ulmen, Linden, Erlen, Eschen und Pappeln. Dichtes Unterholz durchwucherte sie. Allerorts kamen

trügerische, von Schilf und Rohrkolben bewachsene Sumpfstellen und verlandete Altwässer vor. Lianen, wie Efeu und Waldrebe, kletterten die Stämme bis zu den Baumkronen empor und bildeten undurchdringliche Vorhänge; abgestorbene Bäume reckten ihr gebleichtes Astwerk in die Höhe oder waren kreuz und quer zusammengestürzt und mit Moos oder Pilzkonsolen überwachsen. Weidengestrüpp breitete sich nicht nur in den Riedflächen, sondern auch hier aus.

Mischwälder mit Eichen, Linden, Berg- und Spitzahorn kamen in den Nebentälern und an den feuchteren Talflanken vor. Sie bildeten auch größere, aufgelockerte Gehölze auf den Hochflächen, während sie die Höhenrücken der Hainleite gänzlich bedeckten. Nur hin und wieder hatten Bergstürze an den Steilabhängen der nach Nordosten gelegenen Schichtstufe Lücken und

Hochflächenlandschaft mit lichten, relativ trockenen Eichenmischwäldern

Schluchtwald in den Engtälern des Muschelkalkrückens der Hainleite

offene Stellen in diese Wälder gerissen. In den gebirgigen, von engen Schluchten durchzogenen Muschelkalkhöhen gediehen sicherlich auch Eiben, während die etwas trockeneren und nährstoffärmeren Böden der aus Buntsandstein bestehenden Windleite, die der Hainleite parallel läuft, mit Kiefernheiden bestanden waren.

Teilweise undurchdringliche Schluchtwälder mit umgestürzten und vermoderten, von Efeu übersponnenen Stämmen, mit dichtem Gestrüpp und Unterholz, von sumpfigen Quellmulden und glucksenden Bächen durchzogen, breiteten sich in den Schluchten und Engtälern dieser Bergketten aus.

Anders müssen wir uns die Pflanzenwelt auf den südlich anschließenden Kalkhängen und den sich allmählich zum Thüringer Becken hin senkenden Hochflächen vorstellen. Hier lösten je nach Lage und Trockenheit verschieden geprägte, gehölz- oder gar baumarme Steppenheiden die Waldungen ab. Mit dichtem Gebüsch bestandene Hänge gingen in völlig offene, mit Gräsern und Kräutern überwachsene steinige Trockenrasenfluren über. Sie ließen hellgrau verwitterte Schichtbänder und Felsklippen frei. Als charakteristische Sträucher fielen Kornelkirsche, Hartriegel, Hasel, Weißdorn und Wilde Rose, aber besonders Buchsbaum, Flieder und Feuerdorn auf. Buchsbaumsträucher, gemeinsam mit Wacholdern, bedeckten große Partien der grauen Muschelkalksteilhänge und drangen bis in die Klippenzonen vor. Die offenen Hänge müssen vom Frühjahr bis Herbst im farbigen Wechsel mit unzähligen Blüten der verschiedensten Kräuter übersät gewesen sein.

Auf den südlich ausgebreiteten Hochflächen lockerten sich die Laubmischwälder immer mehr zugunsten offener, gräser- und

kräuterreicher, ähnlich farbenprächtiger Landschaften mit wiesensteppenartigem Charakter auf.

Unter den Pflanzenresten aus dem Steinrinnentravertin fallen immer wieder zahllose Abdrücke von heute im Mittelmeergebiet heimischen Arten auf, zu denen Buchsbaum und Feuerdorn gehören. Beide lassen an der Ausbildung ihrer Blätter und dem Vorkommen von Früchten erkennen, daß sie klimatisch günstigste Bedingungen für ihr Gedeihen vorfanden. Ihr Auftreten entspricht der gegenüber heute ebenfalls andersartig zusammengesetzten Weichtierfauna. So finden wir unter den zahllosen, im Travertin und Kalksand erhaltenen Schneckenschalen auch verschiedene Arten, die heute nur in den warmen Landschaften des Mittelmeergebietes, Südosteuropas oder am Schwarzen Meer leben. Heute sind zwar die thüringischen Steppenheiden auch

Steppenheiden an den Steilhängen der Muschelkalkstufe Nordthüringens mit zahlreichen mediterranen Pflanzenarten

Kiefernwald und Kiefernheide auf den Sandböden der Windleite

durch das Auftreten zahlreicher süd- und südosteuropäischer Pflanzen gekennzeichnet, doch kommen z. B. Buchsbaum und Feuerdorn nicht mehr natürlich vor. Das spricht wie bei den Schnecken für eine noch stärkere mediterrane Prägung des damaligen Klimas in Thüringen. Das wird noch auffälliger durch den Nachweis des Flieders, eines üppig blühenden Strauches, der heute nur noch im südöstlichen Europa vorkommt. Der Feuerdorn besitzt gegenwärtig eine vorwiegend südostmediterrane, der Buchsbaum eine mehr südwestmediterrane Verbreitung. Dieser dringt mit letzten Ausläufern bis in das Oberrheingebiet vor. So wie auch heute in den Seealpen nahe der französischen Mittelmeerküste können dichte Bestände aus mannshohen Buchsbaumsträuchern, Wacholdern und Eichen vor 350000 Jahren die Steilhänge der thüringischen Muschelkalk- und Keuperlandschaften überzogen haben! Wie es uns ganze Horizonte von Blattabdrücken beweisen, wuchsen damals derartige Pflanzengesellschaften in unmittelbarer Nähe der Travertinplatte der Steinrinne. Zwischen den immergrünen dunklen Buchsbaumsträuchern leuchteten hier im Frühherbst grell die orangeroten Beerenbüschel der Feuerdorndickichte und die intensiv gelb gefärbten Blätter der Kornelkirschen!

Diese Vegetation hatte allerdings einen wärmeliebenden Charakter. Es lassen sich aus ihrer Zusammensetzung wie auch aus den Ansprüchen der nachgewiesenen Schneckengesellschaften die Klimawerte bestimmen. Buchsbaum kommt heute z. B. nur dort vor, wo die Januarisotherme nicht unter 0 °C absinkt. Auch die übrigen Vertreter der beschriebenen Pflanzenwelt brauchen besonders milde Winter und warme Sommertemperaturen.

Wenn alle Angaben über die Umwelt, wie sie die Geologie, Geomorphologie, Bodenkunde, Paläontologie und Paläoklimatologie liefern können, zusammengetragen sind, läßt sich daraus eine Karte mit den ehemaligen Landschaftsverhältnissen entwerfen. Wir haben das auch für das Wippertal und seine Umgebung vor 350000 Jahren versucht. Die Karte umfaßt eine Fläche von 4 km^2. Ihr Relief ist rekonstruiert, auch die Höhenlinien, die im Abstand von etwa 2,5 bis 3 m verlaufen. Sie lehnen sich nur dort an die heutige Morphologie an, wo der nachweisbare ehemalige Tallauf dem heutigen Tal entspricht. Die dargestellte Talaue liegt in einer Höhe von etwa 30 m über dem gegenwärtigen Wippertal. Wir erkennen Talhänge, die im Bereich des Oberen Muschelkalkes Felsstufen bilden. Schluchtartige Täler mit Nebengerinnen durchschneiden die Plateaus und münden ins Haupttal. Aber im südlichen Teil der Karte erweitert sich das Haupttal zur breiten Niederung, sind die Hänge weniger steil und die Nebentälchen weit und offen: Hier befinden sich weiche Tonsteine im Untergrund. An der westlichen Talflanke hat die Wipper einen Quellhorizont angezapft. An dieser Stelle bildete sich eine starke aufsteigende Verwerfungsquelle, deren emporsprudelndes, mit gelöstem Kalk gesättigtes Wasser mehrere Travertinkaskaden vor der Quelle wie im Tal ausgeschieden und damit einen See aufgestaut hat. An der Bacheinmündung in den See befand sich der ideale Rastplatz der Jäger. Weiter haben wir die Vegetationsverhältnisse so dargestellt, wie sie nach unseren ökologischen Untersuchungen zu vermuten sind.

Felshänge

Steilböschung

Travertinkaskaden

Gewässer

Höhenlinien

Sumpf

Röhricht, Ried

Gebüsch (vorwiegend Weiden)

Auwald (Erlen, Pappeln, Eschen, Weiden, Linden, Eichen)

Laubmischwald (Eichen, Ahornarten, Linden)

Gebüsch (Hasel, Buchsbaum, Feuerdorn, Rosen, Hartriegel, Kornelkirsche, Flieder)

baum- und gebüscharme offene Landschaft

Blau:	*Wasser*
Gelb:	*Travertinablagerungen*
Grün:	*Wiesenflächen*
Q	*Quelle*
R	*Rastplatz*

Wahrscheinlich lagen die durchschnittlichen Temperaturen jeweils um 3 bis 4 °C über den entsprechenden Werten der Gegenwart. Während das Temperaturmittel des wärmsten Monats, des Julis, heute in Thüringen außerhalb der Mittelgebirge etwa 19 °C beträgt, lag es zur Aufenthaltszeit des Homo erectus bei 22 bis 23 °C, das des kältesten Monats, des Januars, aber über 0 °C gegenüber –2 °C in der Gegenwart. Offensichtlich war das Klima auch relativ trocken, so daß die auch heute für das Thüringer Becken und untere Saalegebiet so typischen, durch die geographische Lage bedingten Verhältnisse eines kontinental beeinflußten Trockengebietes wirksam werden konnten. Das bedeutet, daß nur in den Bergländern und Mittelgebirgslagen mit den höheren Niederschlagsmengen dichte, zusammenhängende Wälder ausgebildet waren, während im Thüringer Trockengebiet infolge geringer jährlicher Niederschläge die Wälder aufgelockert wurden und mosaikartig eingestreuten, wiesensteppenartigen Landschaften Raum gaben. Dazu kommen durch örtliche Bedingungen, z. B. an den nach Süden gelegenen Muschelkalksteilhängen, hervorgerufene offene, waldfreie Standorte.

Solche Verhältnisse sind aber von großer Bedeutung für den Wildreichtum gewesen. Es gab futterreiche Weiden für herden- und rudelbildende Pflanzenfresser, wie Wildrinder, Wildpferde und Hirsche. Saftige Blatt-, Stengel- und Grasnahrung fanden die Elefanten vor, während den Nashörnern, die selbst mit dornigen trockenen Sträuchern vorliebnehmen, überall der Tisch gedeckt war. Den großen Wildreichtum riefen aber nicht nur relativ milde Klimaverhältnisse und Futterreichtum hervor, sondern auch die abwechslungsreichen, stark zergliederten thüringischen Landschaften mit einem großen Angebot an verschiedenen Biotopen, die auch verschiedenen Tieren zusagten. So läßt sich auch das Auftreten von Waldelefant neben Steppenelefant und Waldnashorn neben Steppennashorn erklären. In den unzugänglichen sumpfigen Auen fand der Auerochse sich ein, lebten umfangreiche Wildschweinrotten, deren Wechsel auch in die Schluchtwälder und Quellgebiete der Hainleite führten. Dam- und Rehwild bevorzugten die Randgebiete der Waldungen, und überall kamen kleinere Säuger bis zur Maus vor. Den Herden der großen Pflanzenfresser folgten Löwe und Panther. Wölfe wurden besonders im Winter den Jägern eine ernste Konkurrenz. Die Vielfalt der Landschaft muß den großen braunen Bären sehr zugesagt haben. Für sie als Allesfresser gab es zu jeder Jahreszeit genügend Nahrung an Kleingetier, kleinen und mittelgroßen Säugern, reichlich Beeren und andere Früchte bis zu saftigen Blättern, Sprossen und Stengeln.

Ideale Bedingungen gab es in den Flußniederungen für den Biber und seinen fast doppelt so großen Verwandten, das Trogontherium: Nahrung, Unterschlupfe und klares Wasser. Oft genug hat Homo erectus auf seinen Streifzügen überschwemmte Talpartien vorgefunden, die durch den Dammbau der Biber entstanden waren. Ein solcher Damm, der besonderen Anlaß zur Kalkausscheidung und Bildung einer Travertinbarre gab, kann sogar Ursache für die Seebildung unterhalb der Travertinquelle der Steinrinne gewesen sein!

Die sumpfige Aue mit dem Fluß stellte die Lebensader für Wild und Mensch dar. Hier lagen die Tränkstellen, die täglich vom Wild aufgesucht wurden, hier stellten sich zu bestimmten Zeiten Elefanten und Nashörner an ihren Suhlen ein. Die großen Raubtiere lauerten in der Nähe der Tränken auf Beute. Auch der Bilzingslebener See mit seinem Quellbach gehörte zu einer solchen bevorzugten Stelle, die aber der Urmensch zeitweise dem Wild streitig machte. Vertiefungen im Uferschlamm, die während der Ausgrabungsarbeiten immer wieder beobachtet wurden, gehen offenbar auf Großwild zurück, das hier die weiche Uferzone zerstampfte. Wahrscheinlich besaß auch deshalb die Travertinquelle große Anziehungskraft, da nach Aussage der Muschelkrebsarten, die in den See- und Bachablagerungen fossilisiert sind, ihr Wasser in höherem Maße salzhaltig war. Dieser Salzgehalt ist auf im Untergrund durch Bodenwässer gelöstes Steinsalz und aufsteigende Sole zurückzuführen.

See, Ried, Altwässer und Fluß boten weiterhin zahlreichen Sumpf- und Wasservögeln Nist- und Brutstätten sowie verschiedenste Ernährungsmöglichkeiten, während der Reichtum an großem Wild und die Risse der Raubkatzen nicht nur kleinere Raubtiere, wie Fuchs und Wolf, sondern auch zahlreiche große Aas- und Raubvögel anlockten.

Die Gewässer müssen außerordentlich reich an Fischen gewesen sein.

So, wie die thüringische Landschaft unter den Bedingungen der Holsteinwarmzeit zahllosen Tieren Lebensmöglichkeiten bot, gestattete sie mit ihrem Wildreichtum, ihrer Abwechslung an Lebensräumen, ihren günstigen Geländeeigenschaften für die Jagd und ihren für gemäßigte Breiten recht idealen Klimaverhältnissen auch dem Urmenschen einen Aufenthalt, zwar nicht in paradiesischen Zuständen, aber immerhin mit einer Fülle von Möglichkeiten zur Sicherung seiner Existenz. Homo erectus verstand es, diese Möglichkeiten nach seinen Fähigkeiten auszunützen. Er schuf damit Voraussetzungen für weitere aktive Anpassung an noch weniger günstige Lebensräume und schließlich auch für das Überstehen von nachfolgenden Eiszeiten.

Keineswegs nur seiner Jagd, auch einem jahreszeitlich allerdings beschränkten Sammeln lieferte diese Landschaft bessere Möglichkeiten. Abgesehen von tierischen Nahrungsmitteln –

Kleingetier, Muscheln, Eiern, Honig –, gab es schmackhafte Sprosse und Kräuter, die jungen Blätter von Linden, Zwiebeln des wilden Lauchs, dazu die herbstlichen Wildfrüchte in größerer Menge – Haselnüsse, Wildkirschen, Kornelkirschen, Hagebutten, Feuerdornbeeren, Eicheln, Lindennüßchen und anderes mehr. Die Aufsammlung dieser Dinge ist nicht direkt nachgewiesen, aber allein ihr natürliches Vorhandensein läßt die Annahme zu, daß diese oft auch heute noch begehrten pflanzlichen Naturprodukte gesammelt und verzehrt wurden.

Trotz der gegenüber heute milderen klimatischen Verhältnisse war Homo erectus dem Jahreszeitenwechsel, unwirtlichen Witterungsverhältnissen des gemäßigten Klimas, zeitweise auch Schnee und Frost ausgesetzt. Er half sich über solche Witterungsunbilden mit dem Feuer und wahrscheinlich mit primitiven Behausungen und Kleidungsstücken hinweg. Wir sahen, daß verschiedene Befunde von der Steinrinne dafür sprechen. Die Möglichkeit, im Winter Höhlen aufzusuchen, deuteten wir an. Insgesamt begegnete er seiner gemäßigten Umwelt mit neuartigen Techniken, besseren Jagdmethoden, mit immer stärker ausgebildetem Geschick und sich im Wechselspiel mit den Anforderungen der natürlichen oder gesellschaftlichen Umwelt ständig höher entwickelnder Intelligenz.

Die natürliche Umwelt wirkt nun nicht mehr allein als auslesender Faktor auf die sich in engerer Gemeinschaft zusammenfindenden Menschen, sondern in vielerlei Beziehung nur noch mittelbar über den Prozeß der aktiven Auseinandersetzung des Menschen mit seiner natürlichen Umgebung, so über die planvoll ausgeübte Großwildjagd, über das gezielte Sammeln von Nahrung, über die Beherrschung von Rohstoffeigenschaften bei der Geräteherstellung, über die Aneignung der Naturkraft Feuer als technisch-kulturelles Hilfsmittel und Zentrum einer neuen, selbst geschaffenen Mikroumwelt. Sie wirkt in zunehmendem Maße nur noch mittelbar über die Verhältnisse der aufkeimenden menschlichen Gesellschaft auf sie.

Abgesehen davon, daß die Naturumwelt als Nahrungs- und Rohstoffquelle die Voraussetzung der Existenz menschlichen Lebens ist, wird sie quasi zum Versuchsobjekt, zum Prüfstein allmählich entstandenen Wissens und Könnens sowie für die sich durch Hunderttausende von Jahren ansammelnde Erfahrung. Homo erectus hat sich aber beileibe nicht den Einwirkungen seiner Naturumwelt entziehen können, in großem Maße war er nach wie vor von Landschaft, Klima und Nahrungsangebot abhängig. Aber er verstand es, sich ihr gegenüber zu behaupten, in einem gewissen Grade selbständiger zu machen. Dazu gehört z. B. allein schon die Erfindung der gezielten Spalttechnik mit Meißel, Keil und Schlaginstrument, wie wir sie bei den Knochengeräten des Homo erectus von der Steinrinne kennenlernten. Für ihn wurde die Anforderung der Umwelt im kühleren Klimagebiet zum Anreiz weiterer Evolution.

Und für uns wird die Bedeutung verständlich, die ökologische Untersuchungen, also die Erschließung der ehemaligen Umwelt, für die Ausdeutung der stammesgeschichtlich so wesentlichen Beziehungen zwischen Mensch und Umwelt haben.

Ausblick

Als Homo erectus in die mittleren gemäßigten Breiten vordrang, erschloß er sich neuartige Lebensräume und wurde dazu gezwungen, mit ihm bis dahin unbekannten Umweltbedingungen fertig zu werden. Längere Perioden naßkalten Wetters oder gar mit Frost und Schnee in der winterlichen Jahreszeit wechselten mit den weniger problematischen warmen Sommermonaten. Auf fast allen Lebensbildern des Homo erectus, auch seiner späten Formen, wird dieser meist unbekleidet dargestellt. Hinsichtlich seiner Nacktheit müssen wir uns an andere Vorstellungen gewöhnen.
So wie wir annehmen, daß erst die Kenntnis der Feuernutzung und der effektiven Großwildjagd den Aufenthalt in der neuen Umwelt ermöglichte, müssen wir auch primitive Kleidung und Behausungen voraussetzen. Wir glauben, daß die Bilzingslebener Funde auch die indirekten Beweise dafür erbracht haben: So fanden wir steinerne Bohrer, Knochenunterlagen mit langen Schnittspuren, große Knochenhobel mit offenbar durch Fellwalken völlig überglätteten Nutzkanten.
Allein dieser Aspekt einer auch noch so primitiven Kleidung läßt uns den späten Homo erectus viel menschlicher erscheinen, als er mitunter dargestellt wurde.

Nun haben wir ihn in groben Zügen kennengelernt: den Homo erectus von Bilzingsleben. Er tritt uns als ein zwar einfacher, aber in wesentlichen Zügen doch schon recht weit entwickelter Mensch entgegen. Nicht allein mit seinem relativ großen Hirnvolumen, sondern vielmehr mit den Spuren seines Lebens und Wirkens bezeugt er uns diesen Entwicklungsgrad menschlicher Evolution. Verglichen mit seinen Vorfahren, die bis in die Zeit vor 1,5 Millionen Jahren zurückdatiert werden müssen, ist er allerdings auch ein sehr junger Vertreter der gesamten Art des Homo erectus.

Wir lernten seinen Aufenthaltsplatz an einem See im nördlichen Thüringen kennen, aber auch dessen weitere Umgebung mit ihren speziellen Umweltverhältnissen. Er selbst zeigt sich als ein unerschrockener Großwildjäger. Die Spuren seiner Tätigkeit lassen erkennen, wie geschickt er bereits war, welche Techniken er beherrschte und wie er es verstand, bewußt und in einem gewissen Grade auch planend auf seine natürliche Umgebung einzuwirken. Er zeigt sich als ein gesellschaftliches Wesen. Die Formierung einer menschlichen Gemeinschaft erweist sich besonders in der Umwelt des ungünstigeren, gemäßigten Klimabereiches mit ihren höheren Anforderungen an die Sicherung der menschlichen Existenz von großem Vorteil. Wir lernten das Milieu dieser Gemeinschaft kennen, den über längere Zeit hin dauerhaften Lagerplatz mit dem Feuer im Mittelpunkt. Aber gerade der für uns so interessante soziale Aspekt entzieht sich weitgehend der Deutung. Er läßt sich aus dem Fundmaterial nur indirekt ausdeuten. Wir erkennen zwar an den Spuren der menschlichen Tätigkeit, daß bereits verschiedene Arbeitsteilungen unter den beiden Geschlechtern vorhanden sind, daß durch die Großwildjagd ein viel engeres Zusammenleben und Handeln als zuvor sowie einfache Verständigungsmöglichkeiten in Form erster Anfänge einer menschlichen Sprache vorhanden gewesen sein müssen. Aber wie die kleine Gemeinschaft zusammengesetzt war, welchen Umfang sie besaß, welche individuellen wie gesellschaftlichen Verhaltensformen sie erforderte, das wissen wir so gut wie nicht.

Welche Rangordnung hat zum Beispiel bestanden? Wurde ein Jäger mit der größten Erfahrung, Körperkraft und Gewandtheit als Führer der Gruppe anerkannt? Und welche Rolle spielte die Frau bei der Rangordnung in der Gemeinschaft? Gab es schon engere Bindungen zwischen bestimmten Frauen und Männern? Wie war die Mutter–Kind-Beziehung, und welche Stellung bezogen die Männer zu diesem Verhältnis? Interessant wäre, zu erfahren, wie sich die Gruppe bei der Verteilung der Beute verhielt, die von den Jägern gebracht wurde. Bestanden Kontakte zu Nachbargruppen? Und welcherart waren sie? Wieweit haben emotional bedingte Handlungen das Leben in der Gemeinschaft bestimmt, und wieweit wirkten bewußte, mit Überlegung ausgeführte Handlungen? Interessant wäre für uns, zu wissen, wie sich die Jäger unterhielten, um eine Jagd vorzubereiten. Welchen Anlaß gab es zur Jagd? Waren es lediglich Nahrungsmangel und allgemeiner Hunger, oder hatte sich schon so weit planendes Denken durchgesetzt, daß eine Jagd auch ohne das Erfordernis eines Augenblicks auf weite Sicht organisiert und durchgeführt wurde?

Wieweit waren überhaupt Mitteilungsbedürfnis und Erfahrungsaustausch entwickelt? Wie gab man Erfahrung, Wissen und technische Fertigkeiten weiter: aktiv, oder lernten es die Jüngeren nur beim Zusehen und Miterleben? Wir möchten ferner wissen, welche Rolle die Tradition, das Festhalten an eingewöhnten Gebräuchen, Methoden, Verhaltensformen, gespielt hat, wie sich der Tradition gegenüber Erfindungen und Neuerungen, die spontan wie auch durch Überlegung bei alltäglicher Auseinandersetzung mit der Umwelt entstanden, durchsetzen konnten, ob das mehr durch Einsicht geschah als durch weniger bewußtes allmähliches Angewöhnen.

Wie verhielt man sich Hordenmitgliedern gegenüber, die durch Krankheit, Beinbruch, Alter oder sonstwie zur Hilflosigkeit verurteilt waren? Was geschah mit diesen auf der nächsten Wanderung zum weit entfernt liegenden Rastplatz? Blieben sie zurück,

Im Winter zogen sich die Jäger von der Steinrinne wahrscheinlich vom Freiland in nahe Unterschlupfe zurück, wie Felsdächer oder Höhlen, die es auch zur Holstein-Warmzeit in der Nähe der Umrandung des Thüringer Beckens gab. In derartigen Behausungen war das Leben erträglicher als in primitiven hüttenartigen Unterkünften oder hinter Windschirmen der Freilandstation.

vor allem an schwierig bezwingbaren Hindernissen, um sich dann zum Sterben irgendwohin zurückzuziehen? Es ist weiter eine interessante Frage nach dem Verhalten dem Tode gegenüber, z. B. bei einem tödlichen Unfall auf der Jagd, oder dann, wenn nach Krankheit oder Alter ein Mitglied durch den Tod aus der Gemeinschaft gerissen wurde.

Die meisten Funde und Befunde, die wir nachweisen können, sind Spuren menschlicher Tätigkeit, des aktiven Einwirkens von Menschen auf ihre Naturumwelt. Aber sicherlich bestand das Leben des Homo erectus auf der Steinrinne bei Bilzingsleben nicht nur aus Arbeit. Gerade technische Spezialisierung, Großwildjagd und Feuernutzung sprechen dafür, daß dieser Urmensch über mehr Zeit verfügt haben kann als seine Vorgänger. Wie nutzte er sie? Welchen Einfluß hatte «Zeithaben» auf Nachdenken und Gedächtnis, auf die geistige Auseinandersetzung mit seiner Umwelt? Wie wirkte sich das auf engere gesellschaftliche Beziehungen aus?

Man kann sich vorstellen, daß die ganze Gemeinschaft vor allem dann, wenn die Jagd erfolgreich verlief, die Zeit im Lager in Ruhe verbrachte, anstatt ausschließlich Feuersteine zuzuschlagen, Knochen zu spalten, Jagdmethoden zu erfinden und Beeren zu sammeln. Aber diese Zeit veranlaßte die Menschen vielleicht auch zu emotionalen Handlungen, in denen Freude und Trauer, erste Anfänge von Ritus und Kult zum Ausdruck kamen.

Wir fragen auch nach dem weiteren Verlauf der Entwicklung: Verschwand Homo erectus mit seiner Kultur von der Steinrinne, oder war er Anlaß für weitere Entwicklungslinien biologischer, sozialer und kultureller Art zum Homo sapiens? Und wenn dies nicht der Fall war, wohin und warum verschwand er? Es ist auch noch nicht sicher, ob wir im Homo erectus eine vom Jetztmenschen abzutrennende eigene Art sehen müssen oder nicht.

So steht am Ende unserer Begegnung mit dem Urmenschen von Bilzingsleben eine ganze Reihe von ungeklärten Fragen. Wir werden auch viele davon in Zukunft nicht lösen können, auch wenn weitere, noch zu entdeckende Fundstellen neue Aufschlüsse, Hinweise und Fundobjekte erbringen. Das ist einfach darin begründet, daß viele Lebensäußerungen des Menschen ohne Einwirkung auf seine natürliche Umgebung blieben und daher keine Spuren hinterließen. So werden immer große Wissenslücken bleiben, die lediglich mit Hypothesen oder gar spekulativen Überlegungen überbrückbar sind.

Andererseits haben gerade unsere Funde von der Steinrinne gezeigt, in welchem Maße neue Entdeckungen unsere Kenntnisse erweitern und eine bestehende Vorstellung bestätigen, ergänzen und sogar verändern, auch wenn das, was aus der Vergangenheit erschlossen werden kann, nur eine Episode darstellt angesichts der Jahrtausende und Jahrzehntausende oder der großen Räume, aus denen die wenigen Fundstellen stammen. Wir können mit diesen Episoden bei weitem noch nicht lückenlose Entwicklungsfolgen aufstellen. Jeder Fundkomplex steht zunächst isoliert da, ohne Berührungspunkte zu wirklich zeitgleichen Fundstellen und ohne Kontakt zu einem zeitlich älteren oder jüngeren Fund. Solche Beziehungen lassen sich schon auf Grund der ungenauen Zeitbestimmung nicht knüpfen. Aber jeder neue wichtige Fund hilft, räumliche und zeitliche Lücken wenn schon nicht zu füllen, so doch zu verringern. Und auch darin liegt die Bedeutung unserer ans Tageslicht gehobenen prähistorischen Schätze auf der Steinrinne bei Bilzingsleben. Es wird uns wahrscheinlich nie gelingen, zu dieser Fundstelle den einen oder anderen von den gleichen Jägern saisonweise aufgesuchten Lager- oder Rastplatz zu finden, wie sie sicherlich in der weiteren Umgebung im Thüringer Becken, Harzvorland, Saalegebiet oder südlich und westlich des Thüringer Waldes bestanden haben. Diese sind wohl weitgehend geologischen Kräften zum Opfer gefallen.

So stehen uns nur dürftige Ausschnitte des ehemaligen Lebens und Wirkens der frühen Menschen zur Verfügung, und die Darstellung ihres umfassenden Lebensbildes wird nur auf zahllosen Umwegen durch alle nur anwendbaren Ausdeutungsverfahren am uns zur Verfügung stehenden Fundmaterial möglich.

Bilzingsleben ist uns ein Beispiel dafür!

Diese Fundstelle hat uns Mittel in die Hand gegeben, über einer kurzen Spanne von einigen Jahrhunderten jenen Vorhang zu öffnen, der uns den historischen Ablauf innerhalb von ein oder zwei Jahrhunderttausenden verschließt. Ähnliche Szenerien und kurze «Einakter» dieser Zeit kennen wir nur von wenigen weiteren Fundstellen Europas. Wir haben sie zum Teil schon kennengelernt:

Im Travertin von Vértesszöllös bei Budapest handelt es sich um einen kleineren Ausschnitt einer Raststelle, die in der Nähe einer Thermalquelle entstand. Zurück blieben zerschlagene Tierknochen, einfache kleine, aus Geröllen hergestellte Steingeräte, Feuerspuren und ein Schädelrest vom Menschen.

In der Nähe von Prag, bei Přezletice, wurde erst vor einigen Jahren eine Fundschicht mit Kieselschiefergeräten und zerschlagenen Tierknochen entdeckt – offenbar Reste eines Aufenthaltsplatzes des frühen Menschen am Ufer eines flachen Sees.

Direkt am Mittelmeerstrand, zwischen Strandwälle und Steinblöcke eingebaut, stand vor etwa 400 000 Jahren eine geräumige einfache Hütte. Faustkeile, Feuerstellen, Jagdtierreste, ja selbst versteinerte Exkremente deuten auf den wiederholten Aufenthalt des Menschen an dieser Stelle unterhalb des Küstenfelsens, die, von

Jäger kehren, mit Beute beladen, zum Winterlager unter dem Felsdach zurück.

Hangsedimenten bedeckt, erst bei einem Hotelbau in Nizza zum Vorschein kam: Terra amata.

Jünger als diese Funde einschließlich Bilzingsleben ist die reiche Fundschicht aus der Arago-Höhle in den Ostpyrenäen. Hier entdeckte das französische Forscherehepaar Marie-Antoinette und Henry de Lumley Gesichtsschädel und zwei Unterkiefer eines fossilen Menschen, der wohl dem Homo sapiens schon nähersteht als noch dem Homo erectus.

Bei Torralba im Ambronatal nordwestlich von Madrid wurden in ähnlicher Lage, wie sie die Steinrinne bei Bilzingsleben aufweist, auf einem alten Talboden hoch über der heutigen Aue in Ablagerungen von Sümpfen Jagdtierknochen, vor allem von großen Waldelefanten, ausgegraben. Zwischen ihnen lagen Steingeräte, Holzkohle und Reste von hölzernen Gerätschaften. Es

handelt sich um größere Schlachtplätze, an denen Jäger vor 300000 Jahren ihre Beute zerlegten.

Etwa in die gleiche Zeitperiode wie die Bilzingslebener Funde gehören Fundstellen, die nicht so komplexe Befunde, meist nur Steingeräte, erbrachten. In Westeuropa sind sie häufiger als anderswo in Europa. Wir nennen hier die Funde von Swanscombe und Clacton on Sea in England – jene durch menschliche Schädelreste, diese durch die hölzerne Speerspitze bekannt –, dann die reichen Steingerätefunde aus dem Sommetal in Nordfrankreich und St. Symphorien in Belgien; und wir wollen schließlich auch nicht die Fundstellen menschlicher Überreste von Mauer bei Heidelberg und Steinheim an der Murr vergessen – wir kennen sie bereits.

In der näheren Umgebung von Bilzingsleben gibt es mit Ausnahme einer Fundstelle nur wenig umfangreiche Komplexe von Steingerätefunden, die etwa gleichaltrig oder etwas älter als die Funde von der Steinrinne sein können. Es handelt sich aber um wesentlich gröberes Werkzeug aus Feuerstein, als wir es auf der Steinrinne fanden. Vielleicht um 50000 Jahre jünger sind die Funde jener Ausnahme, Feuersteingeräte von Markkleeberg am Pleißetal südlich von Leipzig. Unter ihnen treffen wir Faustkeile, Spitzen und große Schaber an. Erst in jüngster Zeit holten Archäologen im Wettlauf mit dem Bagger im Braunkohlentagebau Tausende von Steinartefakten aus dem Fundhorizont dieser Stelle. Aber sie lagen wie die anderen altpaläolithischen Funde des Saale–Elbe-Gebietes in Flußschottern und müssen als umgelagert gelten. Sie lassen jeweils nur Einzelaspekte vom Leben der frühen Menschen erkennen, sind aber doch bedeutsam genug, um weitere Bausteine für das historische Bild zu sein, das wir uns von diesen Menschen in mühsamer und geduldiger Arbeit schrittweise aufbauen.

Die Ausgrabung bei Bilzingsleben hat uns solche Forscherarbeit gezeigt. Das vorläufige Ergebnis ist ein Lebensbild des frühen Menschen in Mitteleuropa, wie es in diesem Buch gezeichnet und beschrieben wurde. Wir sind uns bewußt, daß in Zukunft sicherlich noch vieles an den geschilderten Vorstellungen geändert, verbessert und ergänzt werden muß. Aber bei zukünftiger Forschungstätigkeit in das Dunkel einer noch wenig bekannten, weit zurückliegenden Epoche einzudringen und dabei dem Urmenschen zu begegnen, kann wie bei unserem Erlebnis auf der Steinrinne bei Bilzingsleben wahrhaftig zu einem erregenden Unternehmen werden und des Zaubers einer Expedition in die Vergangenheit nicht entbehren.

Längere Zeit fesselte schlechtes, naßkaltes Wetter mit starken Regenfällen die Jäger an den Lagerplatz und verurteilte sie zur Untätigkeit. Pirschgänge in die weitere Umgebung verliefen erfolglos, lediglich einige Biber konnten sie in Lagernähe am Fluß erschlagen. Die Horde lebte diese Zeit mehr oder weniger kümmerlich von gesammelter Nahrung – Kleintieren und Pflanzensprossen. Es wurde zum Problem, das Feuer am Leben und die Schlafplätze trocken zu halten. Man fror.

Eines Nachts klart es auf, der Wind fegt die letzten Regenwolken hinweg, und endlich steigt frühmorgens die langersehnte Sonne über den östlichen Horizont! Jäger, Frauen und Kinder begrüßen sie, einige stürmen den Hang hinauf zu Felsklippen, die hoch über den flachen Hang mit dem Lager ragen und bereits von der Sonne erreicht worden sind, werfen sich auf die Knie, strecken ihr die Arme entgegen. Selbst ein Alter, dem das Steigen schon schwerfällt, kommt keuchend mit seinem Stock nach. Im Augenblick breitet sich eine freudige Stimmung aus. Bald sind Strapazen und Hunger der letzten Wochen vergessen und überstanden. –

Wir wollen mit einer solchen, im nebenstehenden Bild gezeigten Handlung andeuten, daß der späte Homo erectus, wie wir ihm auf der Steinrinne begegnet sind, bereits in viel stärker differenzierten und verquickten Beziehungen zu seiner Umwelt stand, als das lediglich Nahrungsgewinn und Stein- oder Knochenbearbeitung zeigen. Im Wechselspiel der täglichen geistigen wie körperlichen Auseinandersetzung mit der ihn umgebenden Natur reicherten sich einfache Erkenntnisse an. Sie betrafen nicht nur das Wild und dessen Verhalten, den Jahreszeitenablauf, die Vegetationsfolge, Witterungsbedingungen, Rohstoffeigenschaften, sondern auch weniger komplizierte Gesetzmäßigkeiten und Verhältnisse in der Natur. So könnte z. B. eine Verwandtschaft zwischen der gezähmten, aber unerklärlichen Naturerscheinung Feuer und der Sonne allmählich erkannt worden sein. Der ständig neugierige, fragende Mensch ist immer auf Neues, Unbekanntes, zunächst Unerklärliches in seinem natürlichen Lebensraum gestoßen. Die aktive Auseinandersetzung mit diesen Problemen und Erscheinungen förderte seine geistige und gesellschaftliche Weiterentwicklung, jene beiden Bahnen, auf denen im wesentlichen seit Homo erectus die menschliche Evolution verlief. Neben aufkeimender Ahnung von einem natürlich bedingten Zusammenhang bleibt aber noch Jahrhunderttausende hindurch vieles unerklärlich. Der Mensch fühlt sich dem Unerklärlichen gegenüber abhängig und ihm ausgeliefert. In diesem Verhältnis entstehen allmählich Glauben, Kult und Religion. Aber wie ihre Wurzeln weit zurückreichen und beim Homo erectus zu suchen sind, liegen dort auch die Wurzeln unseres im Prozeß der Naturerkenntnis ganz allmählich herangewachsenen Wissens.

Die Forschung muß weitergehen! Trotz so vielfältiger Funde und Befunde, die wir in einem Netz von Fundstellen, das sich über Europa, Afrika und Asien erstreckt, bereits zu einem lebhaften Bild über die Entwicklung des frühen Menschen und seiner Gesellschaft ausdeuten können, wissen wir angesichts der riesigen Zeitspanne, die diese Entwicklung umfaßt, und der großen fundleeren Gebiete eigentlich noch recht wenig. Das zeigte auch dieses Buch: Viele Aspekte und Details, die wir gern kennen möchten, sind vom Dunkel der Vergangenheit verschleiert und lassen lediglich spekulativen Vorstellungen Raum. Wir müssen solche allerdings notwendigen Spekulationen deutlich von dem durch Fakten gesicherten Wissen abtrennen, damit sie die Urteilskraft späterer Forschergenerationen nicht schwächen, denn diese müssen sich gewiß zu einem großen Teil auf die von uns ausgegrabenen und dokumentierten Fakten stützen.

Es werden bestimmt noch neue Fundstellen und aufsehenerregende Funde entdeckt. Sicher werden sie mit Methoden untersucht, die noch exakter sind als heute und zu noch besseren Aussagen führen. Aber an Neufunden wird unsere Erde nicht unerschöpflich sein: Die bereits ausgegrabenen und damit in ihrer Authentizität vernichteten Fundstellen werden immer in der Forschung eine große Rolle spielen müssen. Hieraus erwächst unserer Generation eine große Verantwortung hinsichtlich der Beobachtung und Dokumentation unserer Ausgrabungen, auch hinsichtlich jener Funde, die zu bergen gerade wir noch in der Lage sind, bevor sie durch natürliches Geschehen oder, was immer öfter der Fall ist, durch künstliche Eingriffe endgültig verloren gehen.

Auch diese Probleme anzudeuten sollte Aufgabe unseres Buches sein. Die Hauptaufgabe bestand aber darin, allen an unserer stammesgeschichtlichen Entwicklung interessierten Mitmenschen die Gelegenheit zu bieten, einmal die Ausgrabung einer wichtigen Fundstelle und die Auswertung ihrer Forschungsergebnisse bis hin zu einem vermutlichen Lebensbild unserer ausgestorbenen Urahnen «aus erster Hand» mitzuerleben. Dabei wurde auch der Erkenntniszuwachs aufgezeigt, den eine solche Forschungsarbeit zu erbringen imstande ist. Das Erlebnis dieser Urzeit, auch ihre Abenteuerlichkeit einmal selbst kennenzulernen, die Aufregung bei einem neuen Fundstück, das ans Tageslicht gezogen wird, mitzuempfinden ist sonst nur den wenigen vergönnt, die unmittelbar an der Forschung beteiligt sind, dank ihrer nicht alltäglichen Neigung, den Spuren ausgestorbenen Lebens nachzugehen, dank ihrer Einsatzfreudigkeit bei Geländearbeiten und dank staatlicher Forschungsstellen, die solche Arbeiten ermöglichen und fördern. Wir wollten den Reiz unseres Erlebnisses anderen nicht vorenthalten.

An dieser Stelle möchten wir nicht vergessen, das vorliegende Buch der interessierten Jugend zu widmen, besonders aber auch jenen jungen selbstlosen Helfern, deren Einsatz auf der Steinrinne bei Bilzingsleben einen großen Anteil am Zustandekommen unseres Forschungsergebnisses hat.

Sie sind auch Zeuge gewesen, wie selbst unsere Forschung auf der Steinrinne nach zehn Jahren der Entdeckung weitere neue Funde und Erkenntnisse bringen kann: Nach Abschluß unseres Manuskripts wurde ein solcher Neufund während des Spätsommers 1978 zutage gefördert! Es handelt sich diesmal nicht um ein weiteres Stück vom menschlichen Skelett, wie es als Krönung der Funde auf der Steinrinne bereits erwartet wird, sondern um ein größeres Knochenstück mit eigenartigen Schnittspuren. Wir sehen es in den beigefügten Abbildungen: ein 40 cm langes Gerät, das aus einem Spaltstück vom Schienbein eines Elefanten hergestellt wurde. Es hat Aussplitterungen an den Längskanten und eine geglättete Oberfläche am spitzen Ende als Zeichen dafür, daß mit ihm gearbeitet wurde. Aber auf einer ebenen Längsseite trägt es gleichmäßig angeordnete Schnittlinien, die nicht zufällig bei einer Arbeit entstanden sind, sondern absichtlich sorgfältig eingraviert wurden. Sie sind direkter Ausdruck einer Vorstellung jenes Menschen, der sie eingeritzt hat. Wir wissen nicht, was sie darstellen sollen, müssen aber annehmen, daß sich in ihnen ein tiefer Sinn verbirgt. Vom Homo erectus sind derartige Darstellungen bisher nicht bekannt. In seiner Einmaligkeit ist dieses Stück für uns von symbolischer Bedeutung für die Denkleistungen des Homo erectus. Uns erscheinen nun die Vorstellungen über die Entwicklungshöhe seines Bewußtseins und seiner frühmenschlichen Gesellschaft, wie wir sie in diesem Buch beschrieben oder auch nur angedeutet haben, durch die Beweiskraft dieses Fundstückes plötzlich in einem höheren Grade von Realität.